Premiere Pro CC
数字视频编辑教程

主编 刘新业 吕焕琴 程 荣

上海交通大学出版社
SHANGHAI JIAO TONG UNIVERSITY PRESS

内容提要

本书详细介绍了数字视频编辑软件 Premiere Pro CC 的基本功能、操作流程和编辑技巧。全书共分为 12 章。第 1 章主要讲解数字视频编辑基础知识，使读者对数字视频编辑有初步的认识；第 2 章到第 11 章以操作演示与典型实例相结合的方式，讲解 Premiere Pro CC 的基本编辑功能和实践操作，主要包括素材管理、基本编辑操作、视频过渡效果、视频特效、字幕设计与制作、音频编辑、综合编辑技巧和渲染输出等内容；第 12 章综合应用 Premiere Pro CC 的编辑功能和技巧，结合 Adobe 公司的其他软件，选择有代表性的影片类型进行综合创作，使读者直观地体会该软件的强大后期编辑功能。

图书在版编目（CIP）数据

Premiere Pro CC 数字视频编辑教程 / 刘新业，吕焕琴，程荣主编 . — 上海：上海交通大学出版社，2023.7
ISBN 978-7-313-28067-1

Ⅰ . ① P… Ⅱ . ①刘… ②吕… ③程… Ⅲ . ①视频编辑软件 – 教材 Ⅳ . ① TN94

中国国家版本馆 CIP 数据核字（2023）第 115416 号

Premiere Pro CC 数字视频编辑教程
Premiere Pro CC SHUZI SHIPIN BIANJI JIAOCHENG

主　　编：	刘新业　吕焕琴　程荣	地　　址：	上海市番禺路 951 号
出版发行：	上海交通大学出版社	电　　话：	6407 1208
邮政编码：	200030		
印　　制：	北京荣玉印刷有限公司	经　　销：	全国新华书店
开　　本：	889 mm × 1194 mm　1/16	印　　张：	17.25
字　　数：	468 千字		
版　　次：	2023 年 7 月第 1 版	印　　次：	2023 年 7 月第 1 次印刷
书　　号：	ISBN 978-7-313-28067-1		
定　　价：	86.00 元		

编写委员会

主　编　刘新业　吕焕琴　程　荣

副主编　祝　颖

编　委　曹方豪　杨胜渊

国家高等教育智慧教育平台学习指南

本书配套国家高等教育智慧教育平台在线课程"非线性编辑技术"。读者可通过以下方式在线自主学习。

1. 登录国家高等教育智慧教育平台

输入网址 https://higher.smartedu.cn，进入智慧教育平台，在搜索栏输入"非线性编辑技术"，单击搜索。

2. 加入课程

单击搜索后出现"非线性编辑技术"界面，单击"现在去学习"，即可进入"加入课程"界面。单击"加入课程"即可开始学习。

前言

　　Premiere Pro CC 是一款非常优秀的后期编辑软件，广泛应用于影视编辑、多媒体制作等领域。Premiere Pro CC 不仅可以与 Adobe 公司的其他软件完美结合，而且兼容第三方插件，这使其功能更加完善和强大。

　　本书全面细致地讲解了 Premiere Pro CC 数字视频编辑软件的各项功能和编辑技巧。内容从数字视频编辑基础讲起，再到 Premiere Pro CC 的基本功能和实际操作流程，每一部分的内容讲解都采用操作与实例相结合的方式，使读者逐渐步入丰富的动态影像制作中。本书为让读者更方便深入地了解数字视频编辑的实际操作，除了讲解 Premiere Pro CC 的基本功能和技巧外，还增加了综合编辑技巧，讲解新增的功能操作，同时结合所讲解的数字视频编辑功能，增加综合案例操作，使读者能够综合运用 Premiere Pro CC 数字视频编辑软件进行综合实践创作。在综合实例的操作中，本书不仅应用到第三方插件，而且结合了 Adobe 公司的其他软件，使读者能够一窥 Premiere Pro CC 强大的非线性编辑功能，并且能够与最前沿的数字视频编辑技术接轨。

　　本书最大的特点是实用性强，理论与实践结合紧密，采用循序渐进的方式，引导读者逐渐掌握 Premiere Pro CC 软件的实践操作，启发读者将软件功能与实际应用紧密结合，内容全面，通俗易懂。同时，本书落实立德树人的根本任务，贯彻《高等学校课程思政建设指导纲要》和党的二十大精神，将专业知识与思政教育有机结合，推动价值引领、知识传授与能力培养的紧密结合。本书可作为高等院校及培训学校相关专业的教材，也可作为后期编辑人员和广大视频爱好者的学习资料和参考用书。

　　本书是国家智慧教育平台在线课程"非线性编辑技术"的配套教材，读者可登录国家智慧教育平台进行在线学习。此外，本书还配有教学课件、素材与效果文件等教学资源，有需要者可致电 13810412048 或发邮件至 2393867076@qq.com 领取。

　　由于 Premiere Pro CC 软件在数字视频编辑领域应用广泛，而且功能全面，有些功能的实践操作仍处于探索之中，加之作者的能力、时间和精力所限，书中存在的疏漏、不足和局限之处，敬请广大读者和同行批评指正。

刘新业

2023 年 1 月

目录

| 第 4 章

"效果控件"
面板

| 第 5 章

视频过渡效果

第 6 章

常用视频特效

第 7 章

键控特效

| 第 8 章

调色特效

| 第 9 章

字幕设计与 制作

| 第 10 章

音频编辑

| 第 11 章 |

渲染输出

| 第 12 章 |

综合案例操作

第 1 章

数字视频编辑基础知识

| 知识目标 |

（1）了解视频编辑的性质和任务。

（2）理解数字视频中电视制式、扫描、高清和超高清的概念。

（3）理解数字视频编辑中常见概念。

（4）掌握数字视频编辑中涉及的常见格式。

| 能力目标 |

（1）初步认识数字视频编辑软件 Premiere Pro CC。

（2）熟悉数字视频编辑的基本功能。

| 素质目标 |

　　通过数字视频编辑基本知识的学习，初步了解优秀影视作品的创作是一个系统工程，坚持社会主义核心价值观，树立团结协作的集体意识，树立为时代、为人民、为民族创作优秀作品的价值理念。

| 本章概述 |

从理论上讲，影视制作主要分为前期创意、策划，中期拍摄和后期编辑制作三个阶段。一部好的影视作品，技术决定下限，审美决定上限。影视作品的创作主要来源于导演的创意思维，这个艺术构思贯穿了整个制作过程。前期策划和中期拍摄结束后，后期将会对拍摄的画面和搜集的视音频资料等素材进行艺术加工和组合，也就是进行后期编辑合成工作。

本章主要介绍数字视频编辑的一些基础知识，尤其是非线性编辑的基本工作流程，同时对于数字视频编辑所涉及的一些基础知识，如电视制式、扫描格式、高清和超高清等基本概念进行讲解，同时对数字视频编辑的常见概念和常用格式，也进行了较为详细的介绍。在本章的学习过程中，重点掌握使用数字视频编辑软件时涉及的常见概念和常用格式，帧、帧速率、帧尺寸和关键帧等常见概念，常见的视频、音频和各种图像格式等。

| 案例导入 |

纪录片《大国工匠》讲述了 24 位来自不同行业的当代中国工匠的人生故事，展示了他们非凡的职业绝技。"天下大事，必作于细"，任何工作想要做好，都离不开精益求精的工匠精神。影视作品的创作，每一项工作和每一个环节都需认真扎实，只有做到精益求精，才能打磨出兼具精神高度和艺术价值的精品。编辑师作为创作团队的成员，从专业理论到实践技能，都需要将"敬业、精益、专注、创新"的工匠精神，融入视频编辑工作中，做到"择一事，终一生"。

1.1　数字视频编辑概述

1.1.1 视频编辑知识

视频编辑作为影视创作的有机组成部分，与摄像技术有着密不可分的联系，是将拍摄的镜头画面进行分段重组的过程。视频编辑实际上包括编辑艺术和编辑技术两大部分。编辑艺术是指剪辑的艺术手段、处理手法和蒙太奇方法，是体现视频作品风格最重要的组成部分；编辑技术一般是基于硬件的平台系统，将图像、图形、动画、字幕及声音等进行系统处理，达到最终的成片要求。

1. 视频编辑的性质

视频编辑的本质简要概括地说，就是通过主体动作的分解组合完成蒙太奇形象的塑造。这里所谓的主体，即艺术表现的主体，也就是摄像机拍摄镜头画面中的人和物；这里讲的动作，主要指"戏剧动作"，也指"镜头动作""景物动作"等。视频编辑主要围绕如何分解动作和如何组合动作进行，同时，声音编辑也要与画面的动作相联系、相匹配，才能取得声画紧密结合的良好艺术效果。

（1）分解动作：把生活中运动着的人和物的动作分解成影视中各个单位的独立画面，这就是剧本分镜的起源。

（2）组合动作：把那些单独、零散的分解动作画面重新组合为连续的活动整体，这就是镜头组接的起源，也是蒙太奇最初的出发点。

2. 视频编辑的任务

1）选用素材

视频编辑的首要任务就是对大量的原始素材画面，进行准确的选择、正确的使用。而在进行素材画面选择使用时，要正确把握动作、造型和时空这三大因素，才能得心应手，恰当合理。要将动作、造型和时空这三大因素结合起来，审视、比较、考察、选取那些动作性强、造型优美、时空合理的素材画面。

2）制订方案

在影视文学剧本、分镜头剧本和导演阐述的基础上，视频编辑人员必须针对整部视频作品的结构、节奏、声画处理和场面转换等，运用蒙太奇的法则和方法，提出自己的设想，制订出后期编辑方案。

3）确定编辑手段

确定编辑手段有三层含义：一是掌握多种视频编辑手段，能够根据艺术处理的需要，在众多编辑手段中确定一种最适合的手段；二是面对一组特定的镜头，能够确定一种镜头组接的剪辑手段，达到最佳艺术效果；三是对于不同种类的视频作品，能够根据不同的艺术特点确定编辑手段，以发挥不同视频作品类型的优势特点。

4）选择编辑点

在进行镜头组接时，视频编辑工作的关键环节是寻找、选择准确的编辑点。只有编辑点选准了，镜头之间的衔接切换材能够有机合理，流畅自然。编辑点的选择包括画面和声音两个方面。

5）把握编辑基调

编辑基调是指从剧作的文学构思和导演的蒙太奇设想出发，经过编辑处理而体现出来的影视片的节奏基调。不同题材、样式及风格的影片具有不同的后期编辑基调。

3. 视频编辑的功能和作用

正确、合理和高明的后期视频编辑，能够增强影视片的艺术表现力和感染力。反之，错误、平庸和低劣的编辑处理，就会减弱甚至破坏影视片的艺术表现力和感染力。

4. 线性编辑和非线性编辑

从技术发展的角度看，视频编辑经历了三个阶段：第一个阶段是手工操作，这是沿用电影剪辑的方法，利用手工技术操作剪接磁带；第二个阶段是机器操作，这是基于磁带的线性编辑，伴随着 20 世纪 60 年代第一台电子编辑机问世，人们采用手工操作电子编辑器进行视频编辑；第三个阶段是计算机操作，随着数字技术在电视领域的发展，20 世纪 90 年代出现了由计算机操控的非线性编辑。

数字视频编辑是相对于电视系统模拟视频的线性编辑而言的，线性的意思是指连续，线性编辑指的是一种需要按时间顺序从头至尾进行编辑的节目制作方式，它所依托的是以一维时间轴为基础的线性记录载体，如磁带编辑系统。随着计算机技术和电视数字技术的发展，基于二进制的数字视频有着众多编辑优势。数字视频编辑依托硬盘记录载体，对数字视频能够随机记录与读取，任意选取素材而不会损失画质。非线性编辑指的是可以对画面进行任意顺序的组接，而不必按顺序从开头到结尾进行画面编辑，无论是一个镜头还是镜头中的一段，无论是视频还是音频，都可以采用交叉跳跃的方式进行编辑。

5. 非线性编辑基本流程

以 Abode Premiere Pro CC 数字视频编辑软件为例，在数字视频编辑中，主要包括素材处理、视频处理、音频处理和字幕设计等一系列的工作，基本的编辑流程如图 1-1 所示。

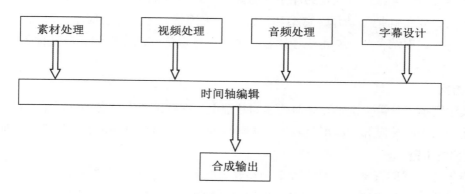

▲ 图 1-1　编辑基本流程

1）素材处理

在对素材进行编辑之前，进行素材处理是必要的。素材的采集只是对素材的初步处理，有时为了给后期编辑人员选择镜头画面留有余地，在实际素材采集的过程中，会多采集一些镜头，因此，采集进来的素材不一定都是要编辑到节目中的。

2）视频处理

在线性编辑系统中对视频的处理包括画面之间的转场效果、视频素材的特效处理及运动和透明度处理。而非线性编辑系统能提供大量的特技效果，一般都有淡入、淡出、划像、叠画和滤色镜等二维特技，卷页、倾斜、旋转、球化等上百种三维特技和自定义的特技。如果需要某些强大的转场和特技时，可以安装第三方插件。第三方插件的功能越来越全面，也越来越强大，可以实现制作者想要的任何效果。

3）音频处理

在线性编辑系统中，一般可以采用调音台对音频信号进行修改和处理。而非线性编辑系统可以完成多个音频轨道的实时合成，对任意音频轨道实时调整电平和相位，而且还可以随意增加或删减音频素材，灵活地控制同期声、背景声、效果声和音乐，提供麦克风配音功能等。

4）字幕设计

在非线性编辑软件上，时间轴上有专门的字幕设计器。可以对字幕进行设计和制作，常见的字幕设计有片头字幕、片中字幕和片尾字幕。另外，还可以对字幕进行相应的运动设置等。

5）时间轴编辑

时间轴编辑模式是非线性编辑的主要特征，主要包括对素材的处理、设置编辑的入点和出点及处理一些具体的编辑效果等。为了编辑的顺利，一般需要多采集一些镜头，在实际编辑中再进行裁剪，去掉不必要的镜头，按照要求把镜头组接在一起。时间轴编辑模式是一种比较直观的编辑方式，各个素材按照顺序排列在时间轴上，每一段时间播出什么镜头一目了然。

6）合成输出

当完成所有的视音频编辑工作之后，可以预演所编辑的视频内容，如果发现问题，可以随时修改而不影响其他部分。修改完毕后就可以进行输出了，可直接输出视音频文件，也可输出到相应的设备上。

1.1.2 数字视频基础知识

数字视频编辑是在视频后期制作过程中对镜头画面进行组合加工的，因此，了解与视频编辑相关的基础知识，可以帮助用户更清晰地进行编辑操作实践。

1. 电视制式

电视制式主要是指在彩色电视中，发送端和接收端都要采取特定的方法将三基色信号和亮度信号加以处理，这种处理方法称为电视制式。世界上广为应用的三种彩色电视制式是 NTSC、PAL 和 SECAM，这三者对色差信号的处理方法有明显不同。

1）NTSC 制式

NTSC 制式是由美国国家电视标准委员会（National Television System Committee，NTSC）制定，主要应用于美国、加拿大、日本和韩国等国家。符合 NTSC 制式的视频播放设备至少拥有 525 行扫描线，工作时采用隔行扫描方式进行播放，帧速率为 29.97 fps（f/s），分辨率为 720×480，每秒钟播放 60 场画面。

2）PAL 制式

PAL 制式也采用隔行扫描的方式进行播放，共有 625 行扫描线，分辨率为 720×576，帧速率为 25 fps，每秒钟播放 50 场画面。PAL 彩色电视制式广泛应用于德国、中国和英国等国家。即使采用的都是 PAL 制式，不同国家和地区的电视信号也有一定的差别。比如中国内地采用的是 PAL-D/K 制式，中国香港采用的 PAL-I 制式。

3）SECAM 制式

SECAM 制式是由法国制定的一种彩色电视制式，同样采用隔行扫描的方式进行播放，分辨率为 720×576，帧速率为 25 fps。该制式主要用于俄罗斯、法国和埃及等国家。SECAM 制式在色度信号的传输和调制方式上与前两者有很大的区别，因此兼容性相对较差，但彩色还原效果好，抗干扰能力强。

2. 逐行扫描和隔行扫描

扫描是从摄影机和模拟电视延续下来的一个概念，用来描述电子快门和电子枪的工作方式。扫描输出画面的方式常见的有隔行扫描和逐行扫描。隔行扫描是指电视机由于受到信号带宽的限制，以隔行扫描的方式显示图像，这种扫描方式将一帧画面按照水平方向分成许多行，用两次扫描交替显示奇数行和偶数行。第一次扫描时，从第 1 行、第 3 行、第 5 行……依次显示奇数行；第二次扫描时，从第 2 行、第 4 行、第 6 行……依次显示偶数行，这样扫描一次就称为一场，如图 1-2 所示。隔行扫描的场频接近人眼对闪烁的敏感频率，在观看大面积浅色背景画面时会感到明显闪烁，且由于奇偶扫描的交错显示导致画面易出现明显的和排列整齐的行结构线，因此，屏幕尺寸越大，行结构线越明显，越影响画面细节的呈现效果。

▲ 图 1-2　隔行扫描

逐行扫描相对于隔行扫描来讲，整个画面从第 1 行、第 2 行、第 3 行……，依次显示出来，其实就相当于摄影机中的全域快门。逐行扫描克服了隔行扫描闪烁明显的缺点，画面平滑自然。在标准的显示模式中，用 i（interlace）代表隔行扫描，p（progressive）代表逐行扫描，比如我们常见的数字视频 1080P，即是指采用逐行扫描的显示格式。

3. 高清的基础知识

近年来，随着视频设备制作技术的不断发展，高清的概念也逐渐流行开来。与此同时，针对高清进行数字后期编辑的硬件和软件也在不断更新和发展中。下面我们简要了解一下高清的概念。

1）高清的概念

高清（high definition，HD）是在广播电视领域首先被提出的，最早是由美国电影电视工程师协会（Society of Motion Picture and Television Engineers，SMPTE）等权威机构制定相关标准，视频监控领域同样也广泛沿用了广播电视领域的标准。高清是人们针对视频画面质量提出的一个名词，物理分辨率达到 720 p（指视频的垂直分辨率为 720 线逐行扫描）以上统称为高清，意为高分辨率。国际上公认的有两条关于高清的标准：视频垂直分辨率超过 720 p 或 1080 i；视频宽高比为 16∶9。全高清（full HD）是指物理分辨率达到 1920×1080（包括 1080 i 和 1080 p），其中 i 是指隔行扫描，p 代表逐行扫描。相对来说，逐行扫描在画面的精细度要高于隔行扫描，即 1080 p 的画质要胜过 1080 i。

2）高清格式

高清有三种显示格式，分别是 720 p（1280×720 p），1080 i（1920×1080 i），1080 p（1920×1080 p）。常见的视频播放格式主要有以下几种。

D1 为 480 i 格式，与 NTSC 模拟电视清晰度相同，行频为 15.25 kHz，可见垂直扫描线为 480 线，帧宽高比为 4∶3 或者 16∶9，采用隔行扫描方式。

D2 为 480 p 格式，与逐行扫描 DVD 规格相同，行频为 31.5 kHz，可见垂直扫描线为 480 线，帧宽高比为 4∶3 或者 16∶9，分辨率为 640×480。

D3 为 1080 i 格式，是标准数字电视显示模式，行频为 33.75 kHz，可见垂直扫描线为 1080 线，帧宽高比为 16∶9，分辨率为 1920×1080，采用隔行扫描方式。

D4 为 720 p 格式，是标准数字电视显示模式，行频为 45 kHz，可见垂直扫描线为 720 线，帧宽高比为 16∶9，分辨率为 1280×720，采用隔行扫描方式。

D5 为 1080 p 格式，是专业格式，可见垂直扫描线为 1080 线，帧宽高比为 16∶9，分辨率为 1920×1080，采用逐行扫描方式。

所有能够达到 D3、D4 和 D5 播放标准的视频信号都可以纳入高清的范畴。

4. 超高清知识

国际电信联盟（International Telecommunication Union，ITU）最新批准信息显示，"4K 分辨率（3840×2160）"正式名称被定为"超高清"。1K 指的是横向分辨率为 1024，根据画面长宽比的不同，它可以确定画面的分辨率。超高清这个名称也适用于"8K 分辨率（7680×4320）"，这个分辨率简单地说，就是相当于全高清 1920×1080 画面的 4 倍。超高清（ultra high-definition）必须满足以下几个条件：屏幕像素必须达到 800 万有效像素（3840×2160）；在不改变屏幕分辨率的情况下，至少有一路传输端可以传输 4K 视频；4K 内容的显示必须原生，纵横比至少为 16∶9。

目前超高清的分辨率适用于"4K 分辨率（3840×2160）"，"6K 分辨率（5760×3240）"，"8K 分辨率（7680×4320）"，"12K 分辨率（11520×6480）"，"16K 分辨率（15360×8640）"。超高清虽然有着画面清晰、动效流畅、对比度高及色彩还原好等画面优势，但源容量巨大，18 分钟的未压缩视频达 3.5TB，后期需要配置大容量的存储设备。

2018 年，中央广播电视总台和国家广播电视总局广播电视科学研究院联合推出了超高清节目制播规范，从分辨率、帧速率、位深、采样和编码等 17 个维度规定了超高清节目的技术参数规范（见表 1-1），确定了中国自己的超高清电视标准，结束了超高清标准在我国定义不清的局面。

表 1-1　超高清节目的技术参数规范

序号	项目名称	技术要求
1	幅型比	16：9
2	分辨率（有效像素数）	3840×2160
3	取样结构	正交
4	像素宽高比	1：1（方形）
5	像素排列顺序	从左到右、从上到下
6	帧率 /Hz	50
7	扫描模式	逐行
8	量化 /bit	10
9	色域	BT.2020
10	高动态范围	HLG 标准 /1000 nit（GY/T 315—2018）
11	取样	4：2：2
12	音频编码格式 /bit	PCM 24
13	音频采样频率 /kHz	48
14	声道	支持 16 声道 PCM 音频
15	文件封装格式	MXF OP-1a
16	视频编码格式（文件封装）	XAVC-I Intra Class 300
17	视频编码码率（文件封装）/Mbps	500

1.2　数字视频编辑的常见概念与常用格式

1.2.1 常见概念与术语

数字视频编辑对素材进行后期处理时，常涉及一系列的概念和专业术语，下面进行简单介绍。

1. 帧

帧（frame）是传统影视和数字视频中的基本信息单元。在电视中看到的活动画面其实是由一系列单个图片构成的，相邻图片之间的差别很小。如果这些图片以高速播放，由于人眼的视觉暂留现象，人们感觉这些连续图片呈动态播放，而且连贯流畅。这些连续播放图片中的每一幅画面就称为一帧。

2. 帧速率

帧速率（frame rate）即视频播放时每秒钟渲染生成的帧数。对于电影来说，帧速率是 24 fps，对于 PAL 制式的电视系统来说，帧速率是 25 fps，而 NTSC 制式的电视系统帧速率为 30 fps。

3. 帧尺寸

在电视机、计算机显示器等显示设备中，组成一帧图像内容的最小单位是像素，每个像素则通常由 R、G、B 三基色的点组成。分辨率就是指屏幕上像素点的数量，通常以"水平方向像素数 × 垂直方向像素数"的方式来表示。帧尺寸（frame size）就是形象化的分辨率，是指图像的长度乘宽度。对于 PAL 制式的电视系统来说，其帧尺寸一般是 720×576，而 NTSC 制式的电视系统帧尺寸一般为 720×480；对于 HDV（高清晰度）来说，其帧尺寸一般为 1280×720 或 1440×1280。

4. 帧宽高比

我们平常所说的 4∶3 或 16∶9，是指视频画面的宽高比，也就是指组成每一帧画面的宽高比。但实际上，并不是所有的视频和显示器都是按照 4∶3 或者 16∶9 的标准定义，电影领域都是以"X∶1"的形式来描述画幅，比如电视领域为 16∶9，电影领域为 1.78∶1。

5. 像素宽高比

像素宽高比是指帧画面内每一个像素的宽高比，比如对于 PAL 制式的电视系统来说，帧尺寸同为 720×576 的图像而言，4∶3 的单个像素宽高比为 1.094∶1，而 16∶9 的单个像素宽高比为 1.4587∶1。

6. 关键帧

关键帧（key frame）是编辑动画和处理特效的核心。关键帧记录动画或特效的特征及参数，中间画面的参数则由计算机自动运算并添加。

7. 场

场（field）是隔行扫描中的一个概念。以电视系统的 PAL 制式为例，由于一帧画面是由两场扫描完成，PAL 制式的帧速率是 25 fps，因此其场速率就是 50 fps。随着数字视频技术和逐行扫描技术的发展，场的问题已经得到了很好的解决。

8. 时间码

时间码是影视后期编辑和特效处理中视频的时间标准。通常时间码用来识别和记录视频数据流中的每一帧，根据美国电影电视工程师协会（SMPTE）使用的时间码标准，其格式为小时∶分钟∶秒∶帧（hours: minutes: seconds: frames）。如果一段 00∶01∶22∶08 的视频素材，其播放的时间是 1 分钟 22 秒 8 帧。

9.Alpha 通道

Alpha 通道是图形图像学中的一个名词，是指采用 8 位二进制数存储于图像文件中，代表各像素点透明度附加信息的专用通道，其中白色表示不透明，黑色表示透明，灰色则根据其程度不同而呈现半透明状态。Alpha 通道常用于各种合成和抠像等创作中。

技术小贴士

由于技术的原因，NTSC 制式实际使用的帧速率是 29.97 fps，而不是 30 fps。因为在时间码与实际播放时间之间有 0.1% 的误差，为了解决这个问题，NTSC 制式中设计有掉帧（drop-frame）格式（实际是有两帧不显示，而不是被删除），这样可以保证时间码与实际播放时间一致。

1.2.2 常见的数字视频文件格式

数字视频编辑在导入素材和渲染生成时，各种视音频素材由于拍摄、制作和播放环境的不同，被分为许多种不同的格式，这里对数字视频编辑过程中涉及的一些格式进行介绍。

比较常见的数字视频格式有如下 4 种。

1.AVI 格式

AVI（audio video interlaced）是一种不需要专门硬件参与就可以实现大量视频压缩的数字视频压缩格式，是文件中音频数据与视频数据的混合，音频数据与视频数据交错存放在同一个文件中。在微软公司的 Video For Windows 支持下，可以用软件来播放 AVI 视频信号，因此，它是在视频编辑中经常用到的文件格式。

但是，有的视频采集卡采集的数字视频也储存为 AVI 格式，由于它所用的压缩程序建立在采集卡压缩芯片的基础上，属于硬件压缩，只能在同一台计算机上或装备了同型号采集卡的计算机上才能播放和处理。

2.MP4 格式

MP4 是一种使用 MPEG-4 压缩视频的多媒体文件格式，主要是用来存储音频和视频文档。MPEG 的平均压缩比为 50 : 1，最高可达 200 : 1，压缩效率非常高，同时压缩后的图像和声音的质量也很好，并且在计算机上有统一的标准格式，兼容性好。需要了解的是，MP4 其实是个封装格式，不是编码格式。也就是说，MP4 就是个扩展名，里面的内容是可变的。如果用户使用 Premiere Pro CC 等非线性编辑软件，想要视频文件直接输出为 MP4 格式，可以直接选择 H.264，这样输出的视频就是 MP4 格式，体积较小且画质损失很小。

3.MOV 格式

Quick Time 是苹果公司开发的一种数字视频格式，其数字视频文件的扩展名为 .MOV。Quick Time 提供了两种标准的数字视频格式，分别是基于 Indeo 压缩法的 MOV 格式和基于 MPEG 压缩法的 MPG 格式，播放 MOV 和 MPG 格式的视频，对系统的硬件要求较低。

4.WMV 格式

WMV 格式是一种独立于编码方式之外的在互联网上能够实时传播的多媒体技术标准。它的特点是采用 MPEG-4 压缩算法，因此压缩率和图像的质量都很不错。

1.2.3 音频文件格式

比较常见的音频文件格式有如下 3 种。

1.WAV 格式

WAV 是 Windows 系统记录声音用的文件格式。

2.MP3 格式

MP3 可以说是最为流行的音频格式之一，它采用 MPEG Audio Layer 3 的技术，将音乐以 1∶10 甚至 1∶12 的压缩率，压缩成容量较小的文件，压缩后的文件容量只有原来的 1/10 ～ 1/15，而音色基本不变。

3.MP4 格式

MP4 是在 MP3 的基础上发展起来的，其压缩比更大，压缩后的文件更小，而且音质更好，真正达到了 CD 的标准。

1.2.4 图像文件格式

比较常见的图像文件格式有如下 6 种。

1.BMP 格式

BMP 是 Windows 系统下的标准位图格式。

2.JPEG 格式

JPEG 是一种高效率的图像压缩格式，其压缩技术十分先进，它用有损压缩方式去除冗余的图像和彩色数据，在取得极高的压缩率的同时，还能展现十分丰富生动的图像，可以用最少的磁盘空间得到较好的图像质量。

3.GIF 格式

GIF（graphics interchange format）格式的特点是压缩比高，磁盘空间占用较少，互联网上大量采用的彩色动画文件多为这种格式的文件。

4.PSD 格式

PSD（photoshop document）是 Adobe 公司的图像处理软件 Photoshop 的专用格式。它里面包含有各种图层、通道、遮罩等，是数字视频编辑软件中常用的图像格式。

5.TIFF 格式

TIFF（tag image file format）是 Mac 中广泛使用的图像格式，最初是出于跨平台存储扫描图像的需要而设计的，它的特点是图像格式复杂、存储信息多。正因为它存储的图像细微层次的信息非常多，图像的质量也非常高，在计算机上移植 TIFF 文件十分便捷，因而 TIFF 现在也是微机上使用比较广泛的图像文件格式之一。

6.TGA 序列格式

TGA 序列文件是一组由后缀为数字并且按照顺序排列组成的单帧文件组。在渲染输出 TGA 序列格式时，可以输出带有透明通道的视频文件，直接导入其他编辑软件中。同样，在视频编辑软件中导入 TGA 序列时，也可以直接放置在图层上方，显示出透明通道。

1.3 认识数字视频编辑软件

数字视频编辑软件是指运行在计算机硬件平台和操作系统上，用于非线性编辑的应用软件系统，它是非线性编辑系统的核心之一，非线性编辑的大部分操作都在数字视频编辑软件上完成。数字视频编辑软件一般具有视频编辑、特效处理、字幕制作及音频处理等功能。随着计算机硬件性能的提高，视音频编辑处理对专用器件的依赖性越来越小，因此，软件的功能越来越明显。数字视频编辑软件的种类有很多，比如 Premiere、Edius 和 Final Cut 等都是在国内外影视制作行业中广泛应用的数字视频编辑软件。

一般来讲，硬件是从其他相对应的公司购买后集成的，软件是公司独立开发的。因此，系统中的数字视频编辑软件有相对的独立性和对硬件的依赖性。Adobe 公司推出的 Premiere 可以不依赖于相对应的硬件而独立运行，由于其强大的功能、人性化的设计、专业的操作及较强的兼容性，在非线性编辑业界有着较高的知名度，已经成为应用比较广泛的数字视频编辑软件。Premiere 提供了采集、剪辑、调色、字幕添加和输出等一整套编辑工作流程，它的开放性和兼容性，不仅能够使其与 Adobe 公司软件高效集成，而且可以通过第三方插件提升创作自由度，满足创建高质量视频作品的技术要求。

1.3.1 Premiere 的发展史

基于硬盘的数字非线性编辑系统出现在 1988 年，在 20 世纪 90 年代开始飞速发展，21 世纪开始普及。作为非线性编辑系统典型代表的数字视频编辑软件 Premiere，从最初的 Premiere 4.0 版本开始，前后经历了 Premiere Pro、Premiere Pro CS 和 Premiere Pro CC 等不同的系列和版本，Adobe 公司已经相继推出了二十几个版本，每个版本之间虽有改动，但变化都不是很大。Adobe Premiere 已经成为非线性编辑系统中主流的数字视频编辑软件，为高质量的视频创作提供了完美的解决方案，在影视界业内受到专业人员的广泛好评。

1.3.2 Premiere 的功能介绍

Premiere 具有十分强大的数字视频处理功能，使用该软件能将视频文件以帧为单位进行精确编辑，并可以做到视音频剪辑的精准同步。

1. 实时预览特性

在 Premiere 中所进行的任何编辑操作，如添加文字、校正色彩和设置音效等，都可以在监视器窗口中进行实时预览。

2. 具备 PRTL 字幕文件导出功能

Premiere 可以为电影或视频作品添加各种字幕，同时还具备导出 PRTL 字幕文件的功能，这些文件同时也可以被导入其他 Premiere 项目中。

3. 支持第三方插件的滤镜功能

Premiere 与 Photoshop 一样，具有强大的滤镜效果制作，除了 Premiere 本身自带的滤镜效果外，还可以使用第三方插件提供的滤镜进行创作。插件是一种可以增加或增强软件功能的应用程序。一般来讲，一家公司会把精力全都投入主软件平台的研发上，把软件扩展部分留给其他公司自主研发，这样不仅节省了有限资源，更为软件的发展增添了活力。Premiere 软件就沿用了这种传统，是具有开放性结构的软件。由于第三方开发插件的加盟，Premiere 具有了强大的插件支撑，不仅完善了自身的数字视频编辑工作，而且还拥有了功能强大的后期特效功能。

4. 应用领域广泛

Premiere 的用途非常广泛，可以满足不同用户的各种需求，包括个人影像制作、宣传片制作、微电影制作、多媒体教学制作及广告制作等。

随着云技术的发展，网络化是数字视频编辑的未来发展趋势，国内外已经有公司利用云平台的大数据存储，组建数字视频网络平台，为影视制作公司和个人的数字视频编辑提供大量的视频数据存储平台。数字视频编辑借助云平台的大数据，能够充分利用网络方便地传输数码视频，实现资源共享，还可利用网络上的计算机协同创作，从海量的视频大数据中挑选素材，制造出优秀的视频作品。

第 2 章

Premiere Pro CC 运行环境及基本设置

| 知识目标 |

（1）了解 Premiere Pro CC 运行对硬件及软件的要求。

（2）掌握 Premiere Pro CC 的基本操作界面。

（3）了解首选项、快捷键的功能设置。

| 能力目标 |

（1）熟练切换 Premiere Pro CC 的工作界面。

（2）熟练解决非线性编辑软件在操作中出现的常见问题。

| 素质目标 |

通过数字视频编辑软件基本设置的学习，坚持正确的理想信念，筑牢视频编辑工作的基础，端正学习态度，树立踏实做事、吃苦耐劳、精益求精、不断超越自我的科学精神和工匠精神。

| 本章概述 |

　　Premiere Pro CC 由于具有不依赖硬件而独立运行的兼容性，以及工作界面的人性化，越来越被广泛应用于数字视频编辑过程中。同时，由于 Premiere Pro CC 较以前的版本具有更强大的编辑功能、更简单实用的操作，在视频编辑过程中更加得心应手，因而迅速成为数字视频编辑软件的首选。

　　本章主要讲解数字视频编辑软件 Premiere Pro CC 的运行环境和常见的功能设置，讲解的内容包括 Premiere Pro CC 软件对计算机硬件和系统的需求、基本操作界面和常见的功能设置。在本章的学习过程中，重点掌握 Premiere Pro CC 软件使用之前需要掌握的常见功能设置，如首选项、快捷键和脱机媒体链接等常见设置与功能。

| 案例导入 |

　　电影《我和我的祖国》以"历史瞬间，全民记忆，迎头相撞"的串联手法，讲述了 70 年间不同职业、背景及身份的普通人在时代背景下发生的不平凡故事。"前夜"单元中，为了中华人民共和国开国大典中的升旗仪式的顺利进行，自动升旗装置设计师在庆典前夜，克服种种困难，确保了开国大典中升旗仪式的万无一失。他们默默奉献、忘我工作、埋头苦干，坚定不移地为国为民奉献着一颗忠诚、执着、朴实的赤子之心。伟大出自平凡，平凡造就伟大。数字视频编辑工作同样也是平凡且辛苦的工作，同样需要以认真踏实的态度，迈出数字视频编辑工作的第一步。

2.1 硬件和系统要求

2.1.1 硬件建议

Premiere Pro CC 在 Windows 和 Mac 系统上都能良好地运行。由于视频和动态图形工作流程中存在很多变化，因此不同的设置之间始终存在差异，但只要有良好的系统，并对视频格式和编辑工作流程有基本的了解，就可以成功管理这些设置。

2.1.2 系统要求

Premiere Pro 版本 22.0 及更高版本与 Windows 11 操作系统兼容。对于带有 NVIDIA GPU 的系统，Windows 11 需要使用 NVIDIA 472.12 驱动程序版本或更高版本。

2.1.3 GPU 和 GPU 驱动程序要求

Premiere 升级到 Premiere Pro 之后，可能会出现驱动程序问题，因此需要升级驱动程序。Adobe 公司建议安装以下驱动程序。

请使用以下任意一种 460.89 驱动程序：

（1）适用于 GeForce RTX 台式机 GPU 的 Studio 驱动程序。

（2）适用于 GeForce RTX 笔记本计算机 GPU 的 Studio 驱动程序。

（3）适用于 NVIDIA RTX/Quadro 台式机和笔记本计算机 GPU 的认证驱动程序。

此外，NVIDIA 已终止对 Kepler 移动 GPU 的支持。如果用户使用的是此类设备，Premiere Pro 14.0 中的系统兼容性报告将提醒用户需要更新驱动程序。

2.1.4 GPU 加速渲染和硬件编码 / 解码

Adobe Premiere Pro 和 Adobe Media Encoder 可以利用系统上可用的 GPU，在 CPU 和 GPU 之间分配处理负载，以获得更好的性能。实际中，大部分的处理均由 CPU 完成，GPU 协助处理特定的任务和功能。

Mercury Playback Engine（GPU 加速）渲染器可用于渲染 GPU 加速效果和功能。要识别 GPU 加速效果，可以在"效果"面板中查找加速效果图标，如图 2-1 所示。

▲ 图 2-1　加速效果

　　除了处理这些效果外，GPU 加速还可用于图像处理、大小调整、色彩空间转换和重新着色等。

　　启用 / 禁用硬件编码取决于所使用的 Intel®CPU 类型。如果使用的 CPU 不受支持，或者在 BIOS 中禁用了 Intel® 快速视频同步技术，则该选项不可用。启用"硬件编码选项"，可以执行菜单"文件"→"导出"→"媒体"命令，在"导出设置"的格式下拉列表中选择"H.264"，在"视频"选项卡下，转到"编码设置"并将性能设置为"硬件加速"，如图 2-2 所示，如果将性能设置为"软件编码"，则会禁用"硬件编码"，而且 Premiere Pro 将不会使用 Intel®cpu 快速视频同步技术来对媒体进行编码，可能会增加渲染时间。

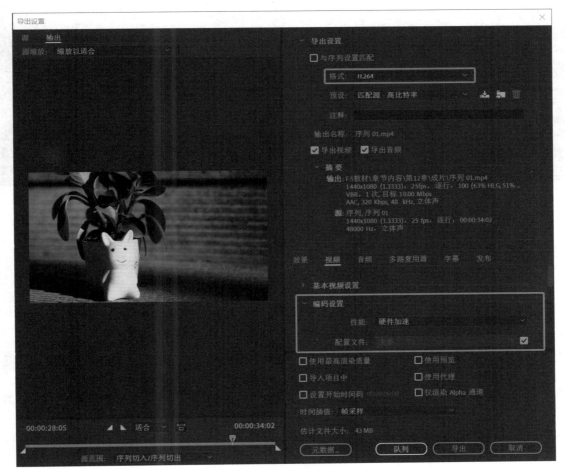

▲ 图 2-2　硬件加速编码

Premiere Pro 同样支持使用硬件加速解码，配合使用时间轴中的 H264/AVC 和 HEVC 媒体时能提供更好的播放性能。连续单击菜单"编辑"→"首选项"→"媒体"，勾选启用"H264/HEVC 硬件加速解码（需要重新启动）"，如图 2-3 所示。

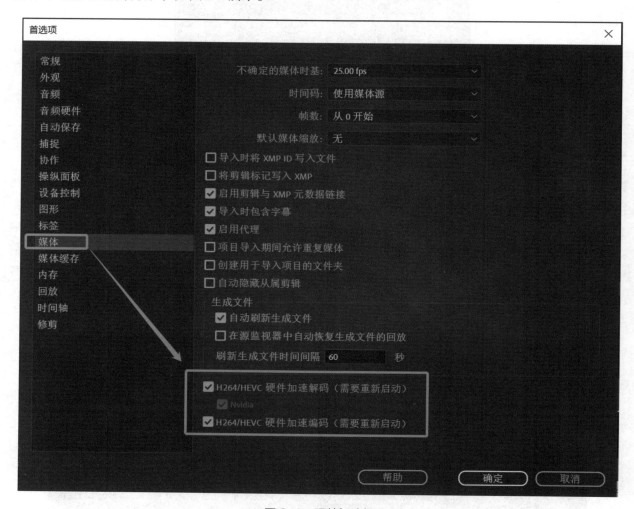

▲ 图 2-3　硬件加速解码

2.2　基本操作界面

2.2.1 启动 Premiere Pro CC

启动 Premiere Pro CC 可以用鼠标双击桌面上 Premiere Pro CC 快捷图标。Premiere Pro CC 的启动根据系统配置和运行环境的不同所需的时间也不同，但均需要一定的启动时间。

Premiere Pro CC 启动后进入欢迎界面，欢迎界面默认状态下包括新建项目、打开项目、团队项目和最近使用项等几个选项，用户可以根据自己需要选择相关项目。最近使用的项目文件以名称列表的形式显示在界面上，如图 2-4 所示。

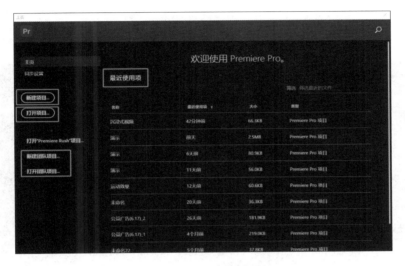

▲ 图 2-4　欢迎界面

当用户第一次启动 Premiere Pro CC 时，需要先单击"新建项目"按钮，弹出如图 2-5 所示的对话框，建立一个新的项目文件，在"新建项目"对话框中可以设置项目存放的位置和项目名称。

▲ 图 2-5　新建项目

1. 常规

在"常规"选项卡中，可以设置项目的存储位置，注意不要将项目的工程文件保存在系统盘中，而应该保存在除系统盘以外的大容量硬盘里；还可以设置数字视频的显示格式、音频的显示格式和捕捉格式等，默认状态下视频的显示格式设置为时间码，音频的显示格式设置为音频采样，捕捉模式设置为 DV 模式。

2. 暂存盘

"暂存盘"选项卡中可以设置在视频编辑过程中产生的临时文件的位置，包括视音频捕捉和视音频预览等，尽量选择"与项目相同"，这样设置能够保证以后的编辑工作更加顺利，如图 2-6 所示。

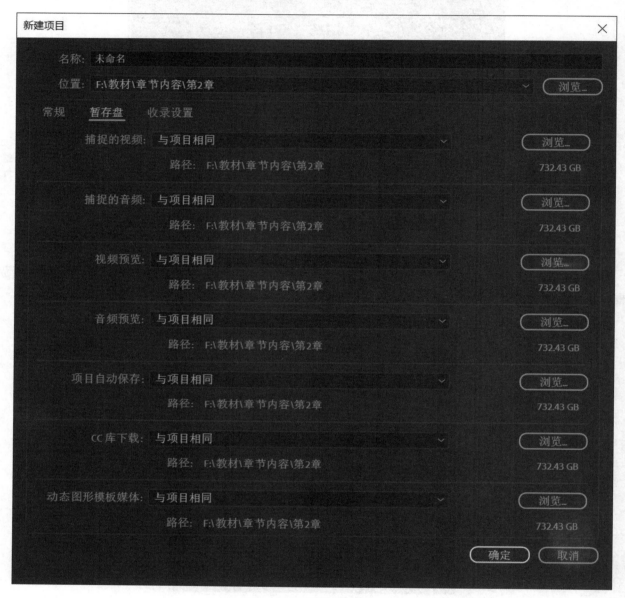

▲ 图 2-6　暂存盘选项卡

3. 收录设置

"收录设置"主要是针对代理剪辑所做的设置，收录下拉菜单中是有关剪辑素材的处理方式，可以是复制、转码、创建代理、复制并创建代理，选择不同，激活的下面的菜单选项也不同，"小结"位置会根据我们选择内容的不同进行具体描述，如图 2-7 所示。

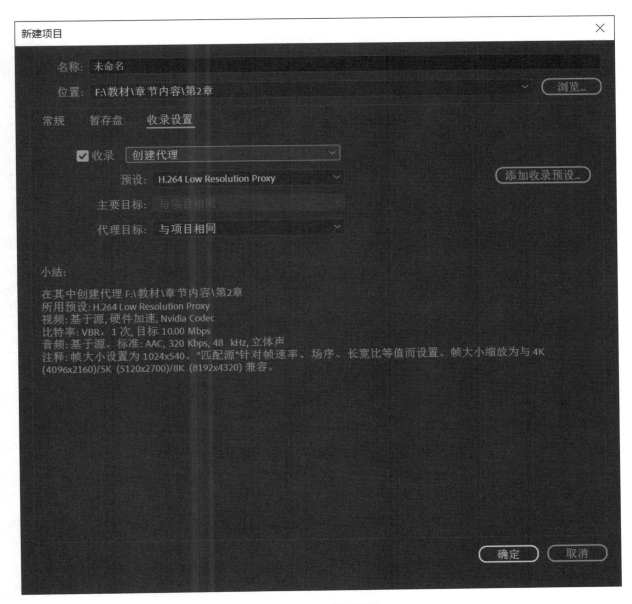

▲ 图 2-7 收录设置

2.2.2 Premiere Pro CC 工作界面

新建项目之后，Premiere Pro CC 就会弹出如图 2-8 所示的工作界面，默认的工作界面是编辑模式，主要由菜单、工作模式、源监视器面板、节目监视器面板、项目面板、时间轴面板和工具面板等几个部分组成，每个面板里面还包括其他不同的选项卡，通过选择选项卡可以切换到不同的工作面板。

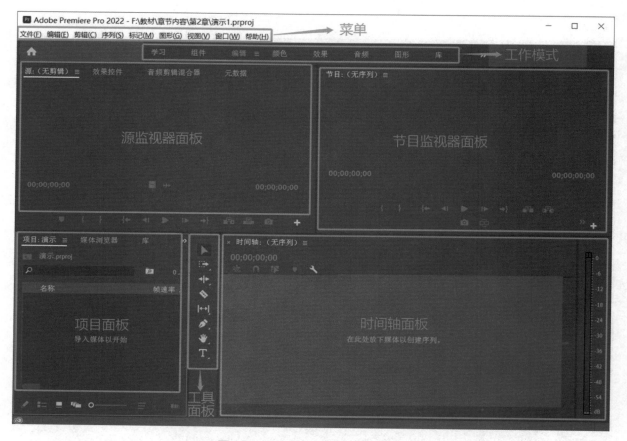

▲ 图 2-8　Premiere Pro CC 工作界面

（1）"源监视器"面板主要用于预览还未添加到时间轴窗口的源素材，可以设置素材的入点、出点，也可以显示音频素材的波形。

（2）"节目监视器"面板主要用于预览时间轴序列中组接的素材、图形、特效和字幕等，要在"节目监视器"面板中播放序列，只需单击窗口中的播放停止按钮，或按空格键播放即可。

（3）"项目"面板是一个素材文件的管理器，在进行编辑之前首先要将需要的素材导入其中。"项目"面板主要用于对素材的存放和管理，包括素材的显示、视音频信息属性的查看以及素材的分类整理等。

（4）"时间轴"面板是视频编辑的基础，对于视音频素材的排序、剪辑、设置各种特效、添加字幕效果等均是在时间轴窗口中完成。

（5）"工具"面板中的工具主要用于在"时间轴"面板中编辑素材，直接单击即可激活所选择的工具。

Premiere Pro CC 的工作区主要包括编辑、颜色、效果、音频和图形等基本模式，在实际编辑过程中，最常用的模式是编辑模式，用户可以直接在工作界面的模式中选择，也可以单击"窗口（W）"菜单→"工作区（W）"，选择需要的工作区界面，如果在实际编辑过程中，由于调整频繁导致工作界面出现偏差，可以选择"重置为保存的布局"，使工作界面恢复至默认的编辑界面，如图 2-9 所示。

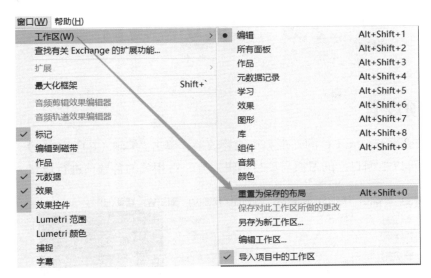

▲ 图 2-9　恢复编辑界面

　　要使用 Premiere Pro CC 工作界面中相关面板的功能，只需要在工作界面中选择相关面板单击选项卡即可。如果相关功能面板没有在工作界面中显示，通过单击菜单"窗口（W）"，弹出如图 2-10 所示的菜单项，在需要的功能选项卡处直接单击"功能"面板，此时"功能"面板的前面就会出现"√"号，表示该面板在窗口中被打开。

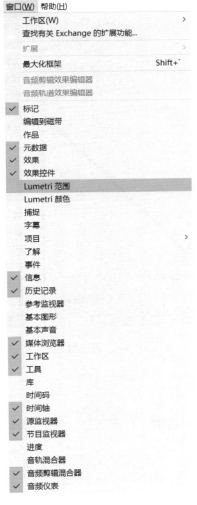

▲ 图 2-10　窗口菜单

2.3 常见功能设置

2.3.1 首选项设置

首选项用于设置 Premiere Pro CC 的外观和功能等效果，单击"编辑（E）"菜单 → "首选项（N）"，如图 2-11 所示，用户可以根据自己的习惯与项目编辑需要，对相关的首选项进行设置。

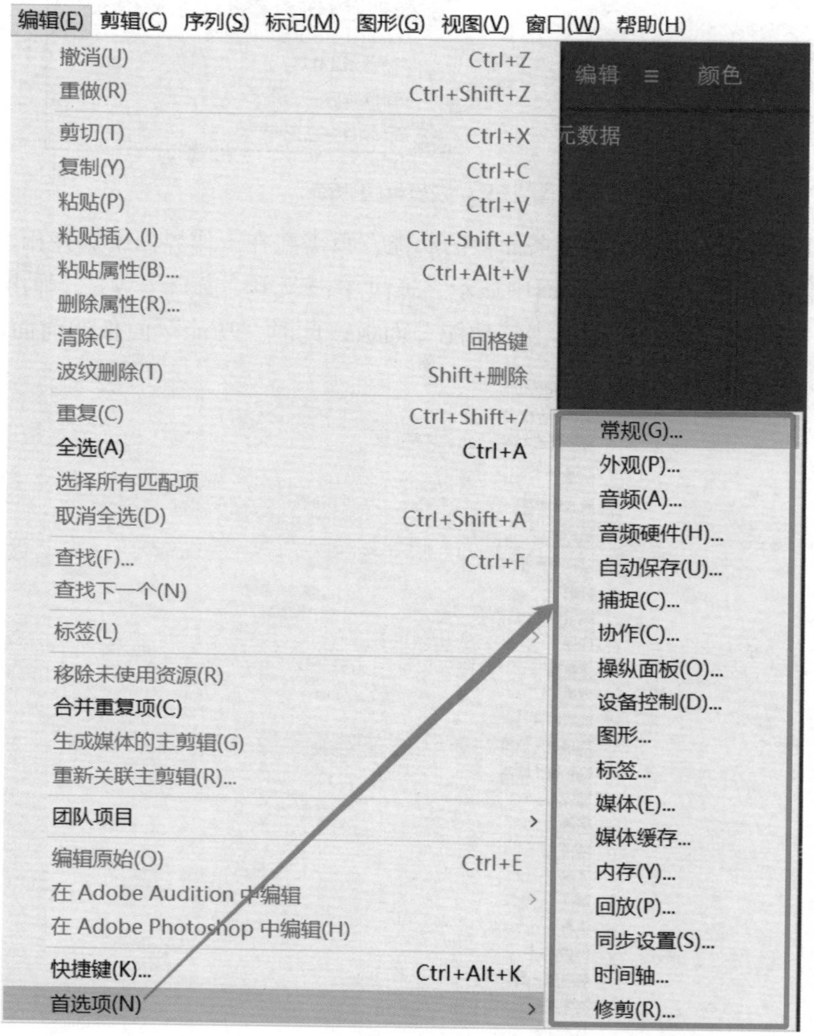

编辑(E) 剪辑(C) 序列(S) 标记(M) 图形(G) 视图(V) 窗口(W) 帮助(H)		
撤消(U)	Ctrl+Z	编辑 ☰ 颜色
重做(R)	Ctrl+Shift+Z	
剪切(T)	Ctrl+X	元数据
复制(Y)	Ctrl+C	
粘贴(P)	Ctrl+V	
粘贴插入(I)	Ctrl+Shift+V	
粘贴属性(B)...	Ctrl+Alt+V	
删除属性(R)...		
清除(E)	回格键	
波纹删除(T)	Shift+删除	
重复(C)	Ctrl+Shift+/	常规(G)...
全选(A)	Ctrl+A	外观(P)...
选择所有匹配项		音频(A)...
取消全选(D)	Ctrl+Shift+A	音频硬件(H)...
查找(F)...	Ctrl+F	自动保存(U)...
查找下一个(N)		捕捉(C)...
标签(L)		协作(C)...
移除未使用资源(R)		操纵面板(O)...
合并重复项(C)		设备控制(D)...
生成媒体的主剪辑(G)		图形...
重新关联主剪辑(R)...		标签...
团队项目		媒体(E)...
编辑原始(O)	Ctrl+E	媒体缓存...
在 Adobe Audition 中编辑		内存(Y)...
在 Adobe Photoshop 中编辑(H)		回放(P)...
		同步设置(S)...
快捷键(K)...	Ctrl+Alt+K	时间轴...
首选项(N)		修剪(R)...

▲ 图 2-11 首选项

常用的首选项设置如下。

1. 常规设置

"常规"设置如图 2-12 所示，用于对启动、打开项目、素材箱和项目等操作进行设置，同时可勾选一些常规选项。

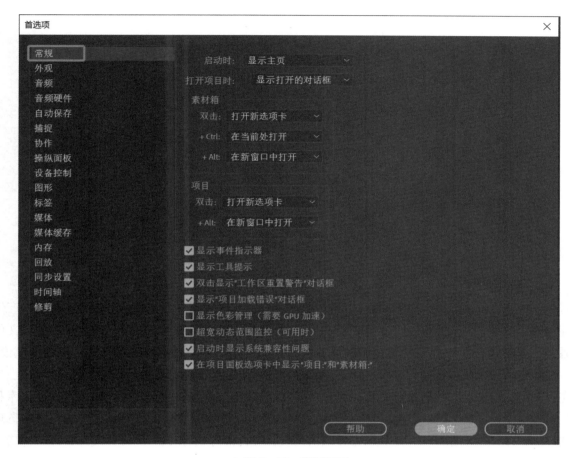

▲ 图 2-12　常规设置

2. 外观

通过拖动亮度选项组的滑块，修改 Premiere Pro CC 工作界面的亮度。

3. 音频设置

在音频标签选项中，可以设置音频的播放方式及轨道参数，用户还可以在音频硬件中进行音频的输入和输出设置。

4. 自动保存

编辑工作人员要养成随时存盘的好习惯，这样在遇到突然停电或系统突然崩溃的意外情况下可以避免丢失已经编辑好的工作进程，尤其对于编辑一个比较大的工作进程更加重要。对于没有及时存盘习惯的用户，设置自动存盘时间是非常重要的，而对于有及时存盘习惯的用户，则不必太在意，因为设置存盘时间过短，有时会影响到正在合成输出的工作进程。

Premiere Pro CC 默认的自动存盘是每 15 分钟存一次盘，用户可以根据需要将自动存盘设置为每 10 分钟存一次盘，而且勾选"自动保存"也会保存当前项目，这样就可以在编辑过程时不必担心因为意外情况而造成的数据损失。但在设置自动存盘时应注意，不要将时间设置得太短，否则系统的运行会受到相应的影响。

自动保存的项目文件可以在"Adobe Premiere Pro Auto-Save"的文件夹中查找到，如图 2-13 所示。

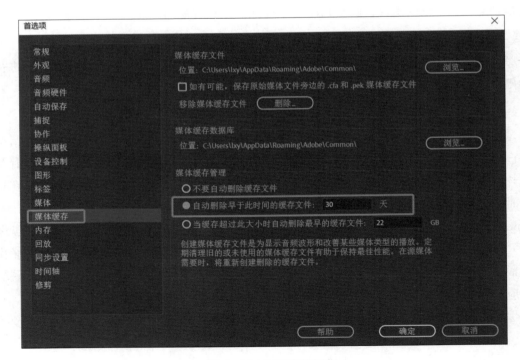

▲ 图 2-13　自动保存的文件夹

5. 媒体缓存

对于 Premiere Pro CC 视频编辑软件，每次打开项目、编辑项目和导出媒体的过程中，都会产生很多缓存文件，这些缓存文件是为了改善某些媒体类型的播放或者显示音频波形，而大量的缓存文件会影响系统的正常运行，因此定期清理旧的或者未使用的缓存文件是数字视频编辑很重要的一项设置，为保持视频编辑软件的最佳运行环境，建议每个月清理一下缓存文件。

在打开的"首选项"界面选择"媒体缓存"，可以看到当前有媒体缓存文件、媒体缓存数据库和媒体缓存管理 3 个选项，"媒体缓存文件"中"设置"显示的就是缓存文件的保存路径。为保证运行环境的最佳性能，建议用户更改保存路径，方便以后的缓存文件清理或者转移。"媒体缓存管理"包括不要自动删除缓存文件、设置自动删除早于此时间的缓存文件和设置当缓存超过此大小时自动删除最早的缓存文件 3 个选项。用户可以根据视频编辑系统状况，设置相应参数进行缓存文件的删除，如图 2-14 所示。

▲ 图 2-14　设置媒体缓存

2.3.2 快捷键设置

使用键盘快捷键可以提高编辑的工作效率。Premiere Pro CC 为激活工具、打开面板及访问菜单命令等提供了键盘快捷方式，这些快捷方式可以是预置的，也可以根据用户的需要和使用习惯进行修改。

单击"编辑"菜单 → "快捷键"，弹出如图 2-15 所示的对话框。

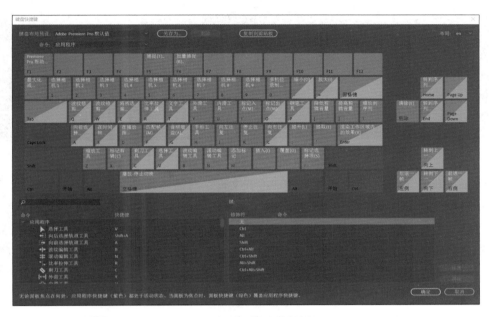

▲ 图 2-15　键盘快捷键

默认状态下，"键盘快捷键"对话框中显示了应用程序类型的键盘命令，如果要更改或者创建其中的键盘设置，单击该对话框下方列表中的三角形按钮，展开包含相应命令的菜单标题，然后对其进行相应的修改或者创建操作即可。

2.3.3 链接脱机媒体

当用户将素材片段导入项目时，一般情况下，该剪辑使用默认的媒体文件名。但当 Premiere Pro CC 中导入的某个剪辑片段被移出、重命名或删除时，该剪辑就会成为脱机剪辑。在"项目"面板中，通过脱机项目图标表示脱机剪辑，如图 2-16 所示。

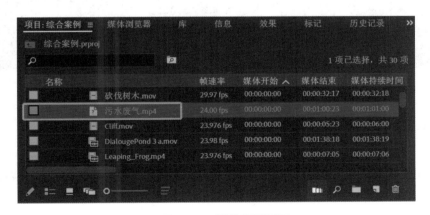

▲ 图 2-16　脱机项目图标

在时间轴序列、节目监视器和其他位置则显示为媒体脱机，如图 2-17 所示。

▲ 图 2-17　脱机媒体文件

利用 Premiere Pro CC 的"链接媒体"和"查找文件"对话框，可以帮助用户查找并重新链接脱机媒体。打开包含脱机媒体的项目时，利用链接媒体工作流，可查找并重新链接脱机媒体。

在"项目"面板中，单击脱机文件，单击右键选择"链接媒体"，弹出"链接媒体"对话框，"链接媒体"对话框会显示项目中使用的剪辑名称以及已链接媒体的文件名，还会显示存储脱机媒体文件夹的完整路径，如图 2-18 所示。

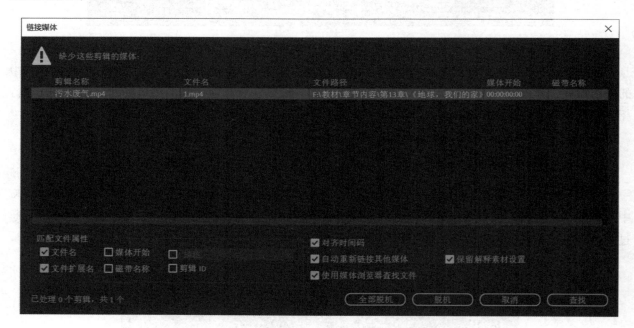

▲ 图 2-18　链接媒体

1. 自动重新链接其他媒体

默认情况下，"链接媒体"对话框中的"自动重新链接其他媒体"选项处于勾选状态，Premiere Pro CC 可自动查找并链接脱机媒体。如果 Premiere Pro CC 在打开项目时能够自动重新链接所有缺失文件，则不显示"链接媒体"对话框。

默认情况下，"对齐时间码"选项处于勾选状态，媒体文件的源时间码与要链接的剪辑的时间码自动对齐。

（1）脱机：单击"脱机"，只有选定的文件会脱机。

（2）全部脱机：除了已找到的文件，其他所有文件都会脱机。

（3）取消："链接媒体"对话框中列出的所有文件都会脱机。

2. 手动链接媒体

手动查找并重新链接 Premiere Pro CC 无法自动重新链接的媒体，可在"链接媒体"对话框中，单击"查找"按钮，弹出"查找文件"对话框。"查找文件"对话框最多可显示最接近查找文件所处层级的三个目录层级。如果没有找到完全匹配项，则在显示此目录时会考虑，媒体文件应该存在的位置或与之前会话相同的目录位置。通过单击"搜索"按钮，可在"查找文件"对话框中手动搜索文件，手动在路径中找到正确的缺失文件移动位置的媒体文件，选择需要链接的媒体文件，单击"确定"，即可手动链接缺失的媒体文件，如图 2-19 所示。

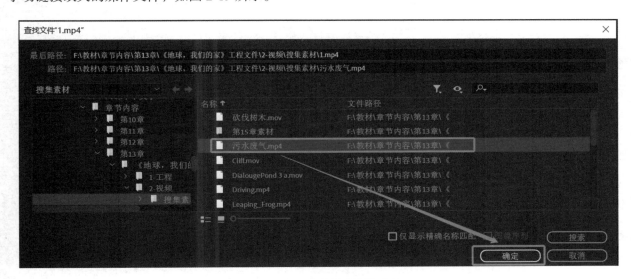

▲ 图 2-19　查找缺失媒体文件

技术小贴士

当素材导入 Premiere Pro CC 进行数字视频编辑时，并不是将素材真正地拷贝到这里，只是对视频素材数据的索引编排，对数字视频的处理只是建立一个访问地址表，而不涉及实际的信号本身。因此素材被复制到硬盘后，尽量不要移动或删除，以防素材的位置改变后，项目文件无法找到相应的地址表而出现脱机情况。只有所有的编辑和渲染都输出后，确定素材没有存在的必要了，再进行整理删除。

第 3 章

视频编辑基本操作

| 知识目标 |

（1）掌握序列设置和序列中的信息描述方法。

（2）了解编辑点的基础知识。

（3）掌握"项目"面板、"时间轴"面板和"监视器"面板的工具栏和使用功能。

| 能力目标 |

（1）熟练掌握素材导入与管理的实践技能。

（2）熟练掌握设置编辑入点和出点的实践技能。

（3）熟练掌握对象群组、视音频链接和嵌套等实用剪辑技巧。

| 素质目标 |

通过数字视频编辑的基本操作，认识到剪辑点选择的精准性对影视作品创作的重要性，理解编辑工作的职业规范，建立对国家和社会的责任意识，自觉遵循媒体人的职业道德。

| 本章概述 |

视频编辑基本操作是 Premiere Pro CC 数字视频编辑软件最重要的功能，而"时间轴"面板就是进行视频编辑的主要工作窗口。创建的序列会显示在"时间轴"面板中，设置好编辑入点及出点的素材排列组接在"时间轴"面板的序列中，对素材进行嵌套、编组和音视频分离等常用的实用剪辑处理同样是在"时间轴"面板中完成的。创建序列是视频编辑操作的第一步。一般情况下，序列以源素材的视频格式为标准进行创建。

本章主要讲解数字视频编辑软件 Premiere Pro CC 的基本操作，在序列设置中，除了讲解常见序列预设外，还增加了 VR 视频序列设置的内容，同时对素材导入与管理、视频素材剪辑及常用实用编辑技巧进行详细讲解。在本章的学习过程中，需要重点掌握序列设置方法，因为创建序列是视频编辑操作的第一步，而精确选择编辑入点和出点，通过不同的镜头进行组接，是视频编辑实现蒙太奇艺术效果的基础。

| 案例导入 |

纪录片《天山脚下》通过普通人的生活，诠释了人与自然的和谐与默契，反映了各族人民热爱家园、延续传统、追求梦想、拥抱现代文明和多民族和谐共居的主题。片头航拍镜头和运动镜头的画面组接，使观众领略到明信片般的风光集锦，多角度展现了地域之美。作为一名数字视频编辑，掌握视频编辑的基本操作是制作精美视频的前提。

3.1 序列设置

3.1.1 新建序列

新建项目文件，进入 Premiere Pro CC 工作界面，默认状态是编辑工作区模式。将"项目"面板中的源素材拖动到"时间轴"面板，即可创建一个以源素材名命名的序列。用户也可以通过新建命令在"时间轴"面板中创建一个新序列，单击菜单"文件"→"新建"→"序列"即可，用户可以设置序列的名称、视频大小和轨道数等参数，在左侧"序列预设"选项卡的"可用预设"列表中选择所需的序列预设参数。右侧的"预设描述"区域中将显示该预设的编辑模式、帧大小、帧速率和像素长宽比等视频设置、音频采样率及默认序列的轨道设置等，如图 3-1 所示。"新建序列"会作为一个新选项卡自动添加到"时间轴"面板中。

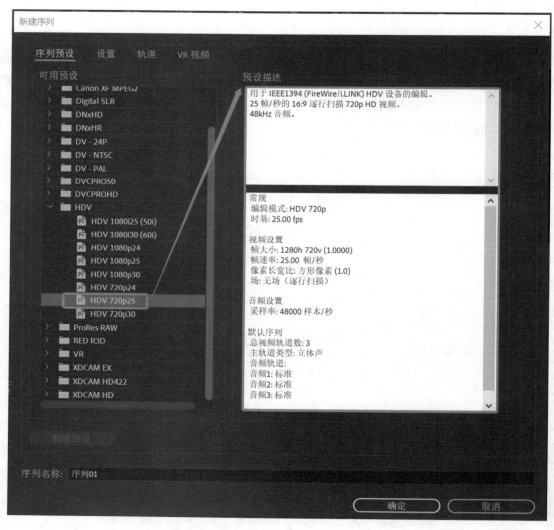

▲ 图 3-1　新建序列

3.1.2 序列预设

Premiere Pro CC 为 PAL 电视制式和 NTSC 电视制式提供了 DV 格式预设，如果使用的源素材是 HDV、HD 或 4K 视频，也可以选择预设，下面给出了几个常用的序列预设。

1.DV-PAL

DV-PAL 制式包括 4 个选项，如图 3-2 所示。其中 32 kHz 和 48 kHz 表示音频的采样频率；标准屏幕为 4∶3 显示，宽屏则为 16∶9 的银幕显示。根据对人体工程学的研究，发现人的两只眼睛的视野范围是一个长宽比为 16∶9 的矩形，因此，为了让电视画面更加符合人眼的视觉比例，实际中的视频大部分做成了 16∶9 的矩形画面。

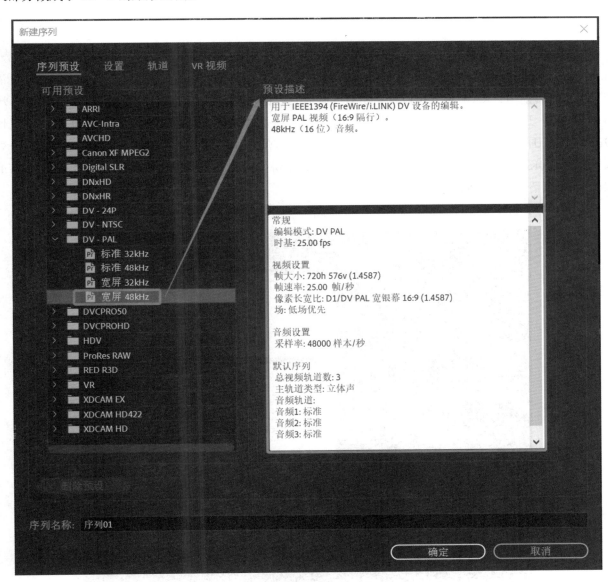

▲ 图 3-2 DV-PAL 序列预设

2.DV-NTSC

DV-NTSC 制式包括 4 个选项，其选项内容与 DV-PAL 制式一样，不同的是 DV-NTSC 与 PAL 制式有不同的帧尺寸和帧速率。比如 DV-PAL 制式电视标准的帧尺寸为 720×576，帧速率为 25 fps，而 DV-NTSC 制式电视标准的帧尺寸为 720×480，帧速率为 30 fps。由于技术原因，DV-NTSC 制式实际使用的是掉帧（drop-frame）格式，帧速率是 29.97 fps，而不是 30 fps。

3.HDV

HDV 是高清格式，包括 8 个选项，其中 1080 表示视频垂直分辨率为 1080 像素；i 是指隔行扫描；p 代表逐行扫描，25 表示帧速率是 25 fps，30 表示帧速率是 30 fps（由于技术原因，实际帧速率是 29.97 fps），24 表示帧速率是 24 fps（由于技术原因，实际帧速率是 23.976 fps）。

4.RED R3D

RED R3D 与 RAW 一样，属于无压缩格式。与 RAW 相比，RED R3D 有着极其明显的 3R 优势：Resolution（分辨率），RAW 格式，REDCODE 压缩比。高分辨率最直观的感受就是画面更细腻、更清晰且更富有震撼力；RAW 格式可以保留所有的画面元数据，在后期可以进行随意调整；REDCODE 压缩比与 TIFF 压缩比的文件数据量相比，TIFF 文件大约是 RED R3D 文件的 40 倍。RED R3D 不仅比 TIFF 可调范围大，而且由于文件比较小，甚至可以很方便地用邮件来进行传输。对于 RED R3D 序列预设，以"4K 16×9 29.97"为例，可以看出 4K 的分辨率可以达到 4096×2304，大约相当于 2 倍的 1080P（全高清）视频画面，如图 3-3 所示。

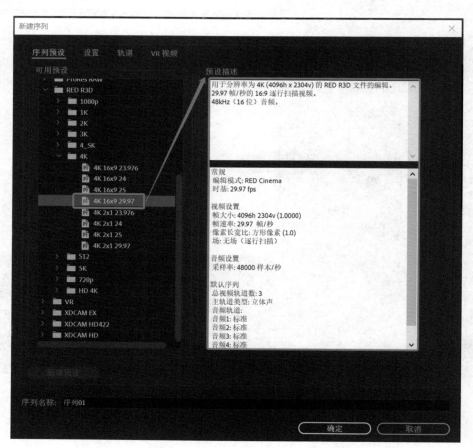

▲ 图 3-3 RED R3D 序列预设

5.VR

VR 是迅速发展并逐步流行的一种视觉新技术，是基于数字图像处理技术、虚拟现实交互技术、传感器技术和互联网技术等多种学科集合而成的综合学科，它将实景或三维虚拟空间以 360° 视角全景展现成一种模拟环境，通过专用设备使用户投入此环境中，实现用户与虚拟环境的自然交互，在视觉、听觉、触觉等方面产生沉浸式体验效果。与传统的影像方式相比，VR 能够最大限度地展现景物的全貌，用户戴上头盔显示器后，会有身临其境的体验。VR 序列预设时，以"3840×1920 多声道"为例，可以看出其与常规的视频影像预设相比，增加了 VR 设置的描述，如图 3-4 所示。

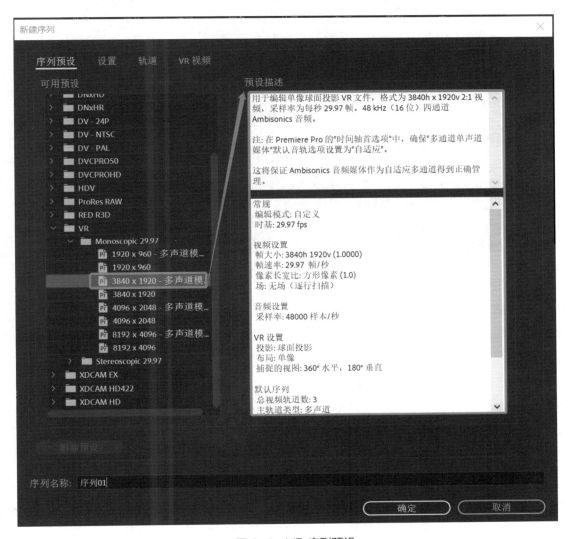

▲ 图 3-4　VR 序列预设

3.1.3 序列设置

在"新建序列"对话框中选择"设置"选项卡，可以设置序列的常规参数，如图 3-5 所示。

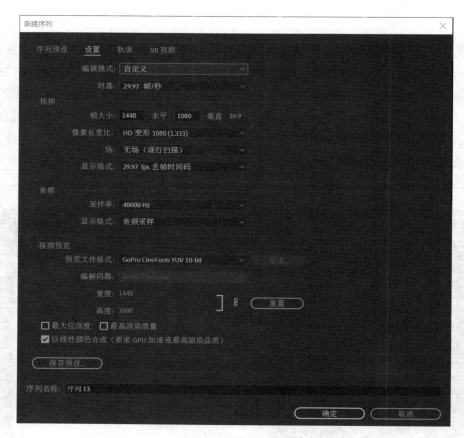

▲ 图3-5 自定义设置

1. 编辑模式

"编辑模式"由"序列预设"选项卡中选定的预设所决定，还可以选择自定义选项，设置视频、音频和视频预览等。

2. 时基

"时基"就是时间基准，"时基"选项决定 Premiere Pro CC 如何划分每秒的视频帧数。在大多数序列设置中，时间基准应该匹配所采集影片的帧速率。

3. 视频

1）帧大小

"帧大小"是以像素为单位显示的画面宽度和高度，第一个数字代表画面宽度，第二个数字代表画面高度。如果用户选择了自定义编辑模式，可以根据需要设置"帧大小"的宽度和高度。

2）像素长宽比

"像素长宽比"的设置应该匹配图像的像素形状，"像素长宽比"指的是像素中每一个像素长与宽的比值。根据所选择的编辑模式不同，"像素长宽比"选项的设置也会不同。如果用户选择自定义编辑模式，可以自由选择"像素长宽比"，比如视频由变形镜头拍摄时，可以选择"变形 2：1"。

3）场

"场"选项包括无场（逐行扫描）、高场优先和低场优先 3 个选项。如果用户选择自定义编辑模式，视频素材是隔行扫描时，可以选择高场优先或低场优先；视频素材是逐行扫描时，可以选择无场（逐行扫描）。

4）显示格式

"显示格式"主要有时间码、英尺＋帧和画框 3 种格式，默认格式为时间码显示，在大多数序列设置中，"显示格式"应该匹配所采集影片的帧速率。

4.音频

1）采样率

"采样率"决定了音频品质，"采样率"越高，音质效果就越好，最好将此设置保持为源素材录制时的采样值。如果将此设置更改为其他值，将需要更多的处理时间，而且还可能降低音频品质。

2）显示格式

"显示格式"主要有采样率和毫秒 2 种格式，默认格式为采样率显示。

5.视频预览

"视频预览"用于指定使用 Premiere Pro CC 时如何预览视频，大多数选项是由项目编辑模式决定的，因此不能随意更改。

3.1.4 轨道设置

在"新建序列"对话框中选择"轨道"选项卡，可以设置时间轴窗口中的视频和音频轨道数，如图 3-6 所示。

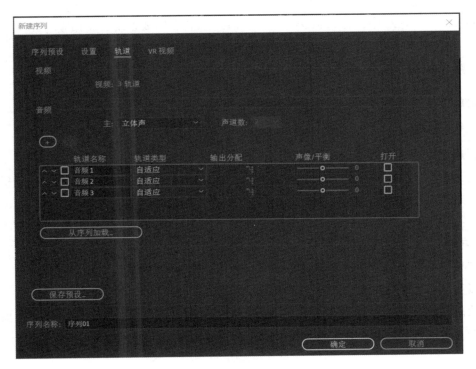

▲ 图 3-6　"轨道"选项卡

3.1.5 VR 视频设置

在"新建序列"对话框中选择"VR 视频"选项卡，可以设置"VR 属性"，如图 3-7 所示。

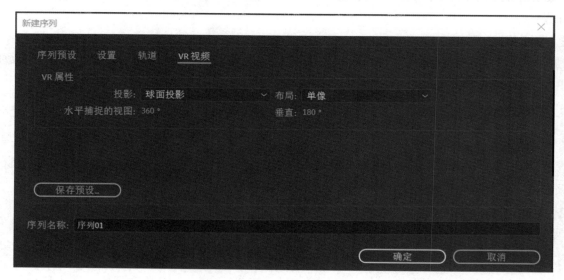

▲ 图 3-7 "VR 视频"选项卡

3.2 素材导入与管理

Premiere Pro CC 能够导入视音频文件、音频文件和图像文件等，但这些格式中，并不是所有的文件都能导入 Premiere Pro CC 中，比如 MOV 文件和 MKV 文件都需要系统安装相应的解码器才能导入。

3.2.1 素材的导入

导入素材的方法有多种，可以根据实际情况选择使用。

1. 直接导入素材

用户可以通过以下方式直接导入素材：

（1）单击菜单"文件"→"导入"→"文件"，从弹出的"导入"对话框中找到所需的素材，单击"打开（O）"，如图 3-8 所示。

（2）在"项目"面板的空白区域右击鼠标，从弹出的菜单中选择"导入"→"文件"，同样会弹出如图 3-8 所示的导"入对"话框。

（3）在"项目"面板的空白区域双击，同样会弹出如图 3-8 所示的"导入"对话框。

（4）直接在键盘上按快捷键"Ctrl+I"，同样会弹出如图 3-8 所示的"导入"对话框。

选择需要的素材，如需要选择多个素材时，可以按住"Ctrl"键，同时单击多个需要的素材，单击"打开（O）"后，所选择的素材会被直接导入"项目"面板中。

▲ 图 3-8　"导入"对话框

用户将素材导入项目窗口中，并没有将素材真正地拷贝到这里，而只是建立了一个引用指针，一旦源素材被删除或移动位置，项目窗口中就无法正确显示该素材。因为编辑处理数字视频时，只涉及对视频数据的索引编排，只是建立一个访问地址表而不涉及实际的信号本身，所以素材被复制到硬盘后，尽量不要移动或删除素材，以防素材的位置改变之后，项目文件无法找到相应的地址表，寻找不到视频素材。如果素材文件被移动过，而且用户需要重新找回原来的素材文件，可以在项目文件导入时，对素材文件进行重新定位，找到原来的素材文件并重新导入。

2. 导入序列文件

Premiere Pro CC 可以导入序列文件（即按照一定次序存储的连续图片），应在选中第 1 张序列图片后，勾选"图像序列"复选项，单击"打开（O）"把素材导入项目窗口中，如图 3-9 所示。

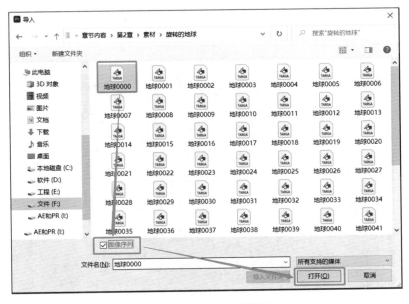

▲ 图 3-9　导入序列图片

导入的序列图片以视频图标方式显示，单击项目窗口左上角预览窗口中的 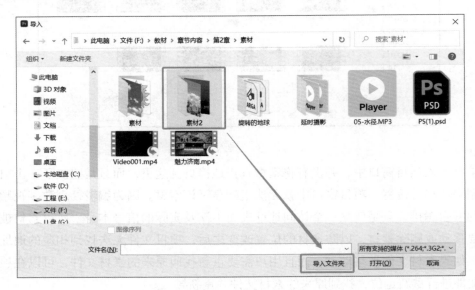，将会以视频形式播放图像序列。

3. 导入文件夹

如果用户需要的素材已经集中存储在一个文件夹中，则可以通过导入文件夹的方式将所有的素材一次性全部导入，如图 3-10 所示。执行"导入文件"命令，调出"导入"对话框，选择需要导入的文件夹，然后单击"导入文件夹"按钮（注意不能单击"打开（O）"），即可将文件夹中的素材一次性导入"项目"窗口中。

▲ 图 3-10　导入文件夹

4. 导入带有图层的 PSD 文件

Premiere Pro CC 可导入 Photoshop 生成的含有图层的".psd"文件，而且可以保留文件中的所有信息，如图层、Alpha 通道和蒙板层等。选择 PSD 文件，单击打开，可以看到如图 3-11 所示的分层文件选项。

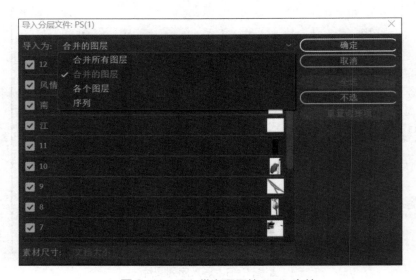

▲ 图 3-11　导入带有图层的 PSD 文件

单击"导入为:"的下拉列表,可以看到如下导入选项。

(1)合并所有图层:能够直接导入一张 PSD 的单一图片。

(2)合并的图层:用户可以根据需要选择不同的图层进行合并后导入"项目"面板中。

(3)各个图层:将 PSD 文件作为文件夹导入,所有图层作为素材包括在文件夹中。

(4)序列:在"项目"面板中,可以看到有一个序列,打开后发现所有 PSD 文件的图层都被分层导入。

3.2.2 素材信息显示

选择导入的素材,可以看到素材的信息显示,如果要浏览素材的详细信息,可以选择"信息"选项卡,在项目窗口中能够直接显示素材的详细信息,包括素材类型,视频帧速率、帧尺寸、像素宽高比,以及音频采样率等基本的信息内容,如图 3-12 所示。

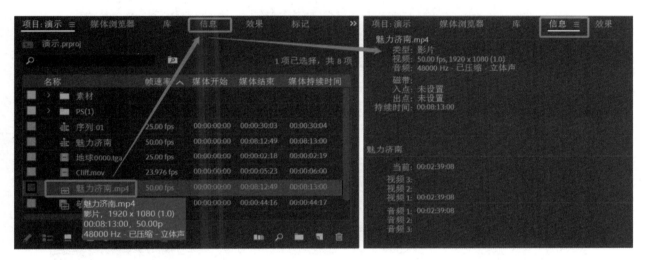

▲ 图 3-12　显示素材信息

3.2.3 工具按钮

在"项目"面板的底部有一排工具按钮,用户可以直接单击这些按钮来方便地完成一些基本操作。

项目可操作:如果单击此按钮,可切换为锁定状态,表示此面板被锁定。

列表视图:为了方便管理,"项目"面板对于素材有列表视图和图标视图显示两种方式,列表视图如图 3-13 所示,序列和素材以列表视图的方式显示,后面能显示出素材帧速率和媒体时长等基本信息。

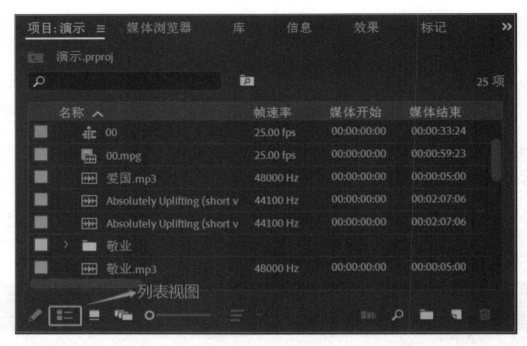

▲ 图 3-13　列表视图

■ 图标视图：序列和素材以图标视图的方式显示，将鼠标放在序列或素材上，能显示出素材的基本信息，如果单击相应的素材，可以通过拖动滑动条浏览视频，如图 3-14 所示。

▲ 图 3-14　图标视图

自由变换视图：可以任意移动素材位置，如图 3-15 所示。

▲ 图 3-15　自由变换视图

：调整图标和缩略图的大小。

：排列图标顺序。

自动匹配序列：将项目窗口中的素材文件按照选择排放的顺序自动导入时间轴上，单击此按钮后弹出如图 3-16 所示的对话框。

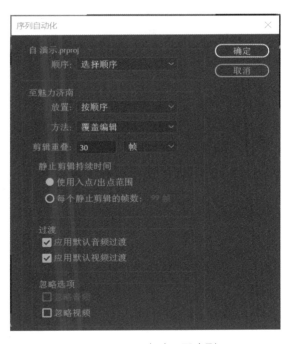

▲ 图 3-16　自动匹配序列

🔍 查找：按照查找选项在项目窗口中定位素材。

📁 新建素材箱：在"项目"面板中新建一个素材文件夹，在其中输入新文件夹名称。

🗔 新建对象：在"项目"面板中创建新的对象，其中包括序列、项目快捷方式、脱机文件、调整图层、彩条、黑场视频、字幕、颜色遮罩、HD 彩条、通用倒计时片头和透明视频，如图 3-17 所示。

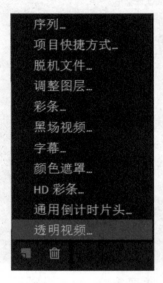

▲ 图 3-17　新建对象

🗑 删除所选项：选中所要删除的素材后，单击此按钮可以将其删除。

技术小贴士

在进行素材导入过程中，用户有时会遇到"文件格式不受支持"的提示，导致无法在数字视频编辑过程中使用某些类型的素材，原因是缺少该种素材类型的解码器，用户只需要在相应的网站中下载并安装这些解码器，即可解决此类问题。

 3.3　素材剪辑

3.3.1 "监视器"面板

素材文件导入"项目"面板之后，可以直接将素材拖动到监视器窗口中进行预览操作，如图 3-18 所示。监视器窗口包括源监视器窗口和节目监视器窗口两部分。源监视器窗口可以对源素材进行预览和设置入点、出点等；节目监视器窗口显示的是视频编辑合成后的效果，通过预览效果可以监视视频编辑的质量，以便进行必要的调整和修改。

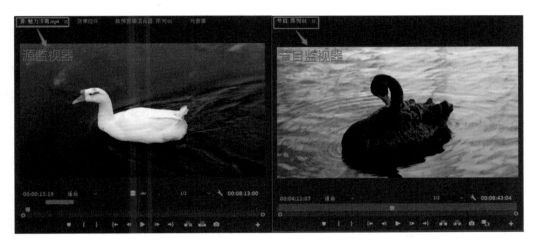

▲ 图 3-18 源监视器和节目监视器

监视器窗口中有许多控制按钮，要想在监视器窗口中编辑素材，必须先弄清楚这些控制按钮的功能。

■ 添加标记：在当前时间指针所在的时间轴位置添加一个时间标记点。

■ 设置入点：将当前时间指针所在位置设置为编辑入点。

■ 设置出点：将当前时间指针所在位置设置为编辑出点。

■ 转到入点：将时间指针快速定位到编辑入点位置。

■ 后退一帧：单击一次该按钮，时间指针就向后移动一帧。

■ 播放：播放－暂停切换按钮，可使用空格键进行切换。

■ 前进一帧：单击一次该按钮，时间指针就向前移动一帧。

■ 转到出点：将时间指针快速定位到编辑出点位置。

■ 插入：此按钮位于源监视器窗口中，将所选素材插入时间轴窗口的编辑线所在位置，该时间点前面的素材不变，后面的素材依次后移，节目时间的总长度增长。

■ 提升：此按钮位于节目监视器窗口中，将当前所选素材从编辑轨道上取走，相邻的素材不改变位置。

■ 覆盖：此按钮位于源监视器窗口中，将所选素材插入时间轴窗口的编辑线所在位置，该时间点前面的素材不变，后面的素材被覆盖，节目时间的总长度不变。

■ 提取：此按钮位于节目监视器窗口中，将当前素材从编辑轨道上取走，其后的素材前移，填补空白，类似波纹编辑。

■ 导出帧：导出当前时间指针所在位置的单帧画面。

■ 按钮编辑器：单击此按钮可弹出如图 3-19 所示的对话框，可以选择其他按钮到"节目监视器"面板上。

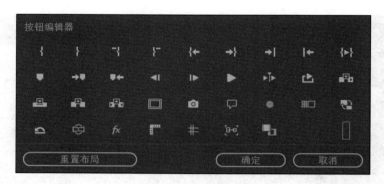

▲ 图 3-19　按钮编辑器

3.3.2 "时间轴"面板

"时间轴"面板是 Premiere Pro CC 中的主要编辑窗口。对视音频素材的排序、剪辑、设置各种特效及添加字幕效果等均在"时间轴"面板中完成。

1. "时间轴"面板的工作区

"时间轴"面板主要由序列选项卡、时间标尺、时间指针、缩放控件、视频轨道、音频轨道和工作区等几部分组成，如图 3-20 所示。

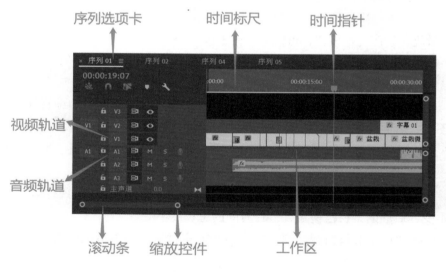

▲ 图 3-20　"时间轴"面板

1）序列选项卡

在实际操作中，根据用户的需要，在"时间轴"面板上可以设置多个序列。当存在多个序列时，便可以通过时间轴的序列选项卡进行切换。

2）时间标尺

时间标尺以刻度的形式指示序列的时间码，其格式为"时：分：秒：帧"。

3）时间指针

时间指针用于显示当前帧所在位置，拖动时间指针可以改变编辑线的位置。监视器中的画面显示就是当前播放指针所在位置的当前帧。如果要精确定位时间指针，可以单击序列中的时间码直接输入时间值或左右拖动时间码。

4）缩放控件

缩放控件用于将编辑工作区域进行放大和缩小，或者直接按"＋"或"－"键进行放大或缩小，便于"时间轴"面板的序列编辑。

5）视频轨道

视频轨道用于编辑视频、静态图片和字幕文件。默认状态下视频轨道有 V1、V2 和 V3 轨道。此外，编辑过程中用户可以根据需要对现有的素材进行添加或删除操作，还可以对每个视频轨道上的素材进行透明度和关键帧等设置。视频轨道最多可以增加到 99 轨，每个视频轨道都有对应的轨道参数。

6）音频轨道

音频轨道与视频轨道相似，默认状态下音频轨道有 A1、A2、A3 轨道和主声道。

2. 编辑工具

默认状态下，"时间轴"面板的编辑工具位于工作区的左侧，共提供了 8 个进行编辑的常见工具，如图 3-21 所示。

▲ 图 3-21　编辑工具

 选择工具（快捷键"V"）：用于选择时间轴轨道上的素材。如需要选择多个素材，可以在按住"Shift"键的同时单击素材。

 向前选择轨道工具（快捷键"A"）：共包括 2 个工具，如图 3-22 所示。如果要将所有轨道前面的素材整体后移，可以在轨道上单击要移动素材的起始素材，此处以后的全部素材即被选中，按住鼠标可以对所选的素材进行整体后移。如果按住"Shift"键，就选择当前轨道素材前面的所有素材。向后选择轨道工具（快捷键"Shift+A"）的使用方法与向前选择轨道工具一样。

▲ 图 3-22　选择轨道工具

 波纹编辑工具（快捷键"B"）：共包括 3 个工具，如图 3-23 所示。波纹编辑工具用于改变某个素材的入点或出点，其他素材的时长不变。使用该工具时，只需将鼠标指针移动到要调整的素材之后，左右拖动鼠标即可改变素材的入点或出点位置，其他素材做适当移动，填补由于素材改变而扩大或缩小的空间位置。滚动编辑工具 用于调节某个素材和相邻素材的入点或出点位置，以保持两个素材和其后所有素材的总时长不变。比率拉伸工具 用于改变素材的速度，鼠标放在素材的边缘，向里拖动鼠标，素材的播放速度就会变快；向外拉伸鼠标时，素材的播放速度就会变慢，但需要有足够的空间保证鼠标的向外拉伸。

▲ 图 3-23 波纹编辑工具

剃刀工具（快捷键"C"）：用于将素材切割成两部分。使用该工具时，只要将鼠标移动到要进行分割的素材位置上单击，就可将多条轨道上的素材一分为二，按住"Shift"键使用时，可以变为单剃刀工具，只切割当前轨道的素材。

外滑工具（快捷键"Y"）：共包括 2 个工具，如图 3-24 所示。外滑工具，同时改变素材的入点和出点，序列的总时长不变，相邻的素材也没有改变。内滑工具，所选定素材没有任何改变，改变的是两个相邻素材的入点和出点，序列的总时长也不改变。

▲ 图 3-24 滑动工具

钢笔工具（快捷键"P"）：共包括 3 个工具，如图 3-25 所示。这 3 个工具主要用于在"节目监视器"面板中绘制规则或者不规则图形，绘制的图形放置在序列中上层轨道的时间指针位置。

▲ 图 3-25 钢笔工具

手形工具（快捷键"H"）：共包括 2 个工具，如图 3-26 所示。手形工具用于移动时间轴上的内容，便于编辑一些较长的素材。缩放工具用于调节显示的时间单位，单击鼠标即可放大时间轴窗口的时间刻度单位，按住"Alt"键进行单击，则可缩小时间刻度单位。

▲ 图 3-26 手形工具

文字工具（快捷键"T"）：共包括 2 个工具，如图 3-27 所示。这 2 个工具主要用于在"节目监视器"面板中添加横排文字或者竖排文字，添加的文字带有透明通道，直接放置在序列中上层轨道的时间指针位置。

▲ 图 3-27 文字工具

3.3.3 在序列中添加素材

通过不同的镜头组接，可以实现不同的蒙太奇艺术效果，这是创作视频作品最基本的编辑思路，而编辑点的选择则是最基本的编辑技巧。在 Premiere Pro CC 软件当中，入点和出点的功能是标记素材可用部分的起始时间与结束时间，以便有选择地调用素材，同时设置素材的入点和出点位置，这也是控制剪辑节奏的重要步骤。

1. 选择编辑点

如果有两段素材，分别是素材 1 和素材 2，首先根据需要选取素材 1 中的镜头画面，设置素材 1 的起始时间，即编辑入点位置，也就是海浪画面的开始处，结束时间即出点位置，也就是画面的结束处。这样用户就截取出了素材 1 的可用部分，即入点到出点的这段内容，如图 3-28 所示。

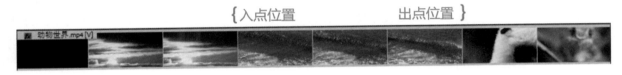

▲ 图 3-28　选择素材 1 编辑入点和出点

同样，设置素材 2 的起始时间，即编辑入点位置，也就是天空画面的开始处，结束时间即出点位置，也就是画面的结束处，这样用户就截取出了素材 2 的可用部分，即入点到出点的这段内容，如图 3-29 所示。

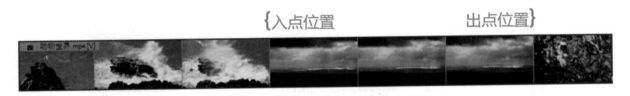

▲ 图 3-29　选择素材 2 编辑入点和出点

然后在时间轴的序列中对截取出来的这两段视频进行组接，形成新的组接形式，这就是影视作品中最基本的编辑技巧，如图 3-30 所示。

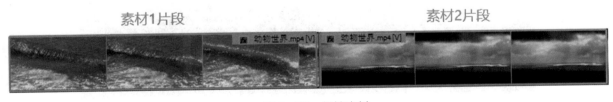

▲ 图 3-30　组接素材

2. 直接从项目窗口导入素材

在已经导入源素材的项目窗口中，选择要添加到时间轴上的素材，然后按住鼠标左键直接将其拖至新建对象（或者拖入"时间轴"面板），然后松开鼠标，就会新建一个与源素材信息一致的序列，显示在时间轴上，如图 3-31 所示。

▲ 图 3-31　直接从项目窗口导入素材

素材导入"时间轴"面板后，素材的入点和出点可以进行编辑操作，具体的编辑方法：将鼠标移动到素材的首处或尾处，鼠标指针变成为红色的箭头形状时，只需左右拖动鼠标，就可以改变素材的编辑入点或出点，或者利用时间轴编辑工具中的剃刀工具进行编辑入点或出点的设置。

3. 通过源监视器添加素材

将项目窗口中的素材导入"源监视器"面板中，对要编辑的素材进行编辑入点和编辑出点的设置，如图 3-32 所示。

▲ 图 3-32　通过源监视器添加素材

素材设置好编辑点后，把鼠标放在"源监视器"面板上按住，当鼠标变成手形标志后，直接拖入时间轴的序列中，即可将所选素材导入序列。

　　■ 仅拖动视频：只导入素材的视频部分到序列中。

　　■ 仅拖动音频：只导入素材的音频部分到序列中。

技术小贴士

Premiere Pro CC 被认为是专业编辑软件，编辑点的位置选择可以精确到帧是非常重要的原因。如果要精确地选择编辑点的位置，可以在素材编辑点附近多次单击左侧后退一帧或右侧前进一帧，这样就可以以帧为单位精确寻找编辑点的位置。

3.4　实用剪辑技巧

熟悉素材的编辑之后，用户就可以对导入序列的素材进行相应的操作，除了使用时间轴编辑工具之外，在实际的操作过程中，还需要掌握一些实用的编辑技巧。

3.4.1 选择素材

除了时间轴编辑工具中的选择工具以外，还可以利用框选的方式选定多个连续的素材，具体操作如下：在时间轴窗口的序列中拖动鼠标，拖出一个选择框，凡是选择框接触到的素材都将被选定，如图 3-33 所示。如果想取消选择，只需在"时间轴"面板的空白区域单击即可取消选择。

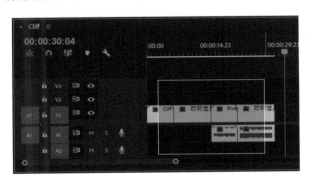

▲ 图 3-33　框选工具

3.4.2 对象群组与解除

所谓群组就是把几个不同的素材片段组成一个整体，群组后的素材被当作是一个整体，便于对它们进行整体操作，而且群组后的素材片段的某些属性会被锁定，而且它们的相对位置也不会发生变化。如果需要对群组中的对象进行独立的编辑处理，还可以将群组解除，具体的操作方法如下。

步骤 1：在时间轴窗口的序列中选择要群组的素材，将这些素材同时选中。

步骤 2：右击选中多个素材，从弹出的菜单中执行"编组"命令，即可将选中的对象组成群组，如图 3-34 所示。

▲ 图 3-34　编组命令

步骤 3：选择群组中的素材，在时间轴序列中进行移动操作，会发现群组中的素材能够整体移动。

步骤 4：如果对已经成组的素材进行解除成组命令，只需右击组中的任何一个素材，从弹出的菜单中选择"取消编组"即可。

3.4.3 链接和解除视音频链接

某些素材在导入时间轴序列中时，既包含视频信息也包含音频信息，含有视音频信息的素材会自动地添加在各自的轨道上，当移动或剪切其中的视频素材时，音频素材也会发生相应的变化。用户在实践操作中，可以根据自己的需要，对序列中的任何视频和音频素材随意地进行链接和解除链接。

1. 链接视音频操作

在"时间轴"面板的序列中利用框选工具，选中需要链接的视频和音频片段，然后单击鼠标右键，在弹出的快捷菜单中单击"链接"，如图 3-35 所示。

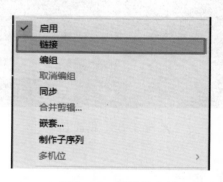

▲ 图 3-35　链接视音频

视音频素材链接了以后，视音频就结合成一个整体，移动视频素材时，音频素材也会发生相应的移动，它们之间的对应关系不会发生变化，这样有助于后期配音后的素材编辑。

2. 解除视音频链接

如果想要对已经链接的视音频解除链接，单独处理视频或音频，只需在"时间轴"面板的序列中选择要解除视音频链接的素材，单击右键，在弹出的快捷菜单中单击"取消链接"，如图 3-36 所示。

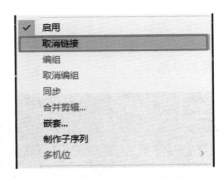

▲ 图 3-36　解除视音频素材链接

3.4.4 嵌套

Premiere Pro CC 允许对多个素材进行合成嵌套，嵌套后的素材成为一个完整的序列图标，而且允许嵌套序列作为一个独立的素材导入另一个序列中。比如当嵌套序列 01 作为一个素材导入另一个序列之后，嵌套序列 01 就以一个整体素材的形式出现，可以进行任何形式的编辑操作，如果想要重新对嵌套序列 01 进行修改，可以直接双击进入嵌套序列 01，任何操作处理都能直接在序列中显示出来，具体的演示如下。

1. 嵌套操作

在"时间轴"面板的序列中同时选中需要嵌套的视频和音频片段，然后单击鼠标右键，在弹出的快捷菜单中执行"嵌套"命令，弹出如图 3-37 所示的对话框。

▲ 图 3-37　"嵌套"命令

对嵌套序列进行命名，单击"确定"，就会在"项目"面板中出现一个嵌套序列，"时间轴"面板中被选用的素材也会被嵌套序列取代，如图 3-38 所示。

▲ 图 3-38　显示嵌套序列

53

2. 修改嵌套序列

如果想要对已经嵌套的素材进行修改或处理，只需双击"嵌套序列 01"，可在"时间轴"面板中展开嵌套序列，进行修改即可，如图 3-39 所示。

▲ 图 3-39　打开嵌套序列

3.4.5 剪辑速度 / 持续时间

选中时间轴上需要设置时间和速度的素材，右击选中的素材，从弹出的菜单中选择"剪辑速度 / 持续时间"，默认的"速度"为"100%"，如图 3-40 所示。

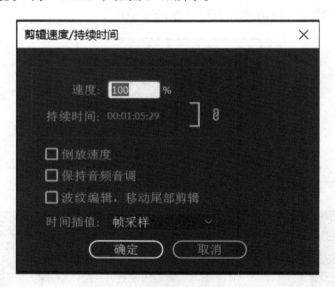

▲ 图 3-40　剪辑速度 / 持续时间

1. 速度 / 持续时间

在"剪辑速度 / 持续时间"对话框内，有一个 🔗 标志，表示速度和持续时间是关联的，如果修改速度，持续时间也会同步发生变化，如果单击 🔗 标志，变为 🔗 状态，将断开速度和持续时间之间的关联。更改"速度："文本框中的百分数，比如由 100% 调到 200% 时，表示该素材将以 2 倍速度播放，即快镜头，同时持续的时间也将自动缩短一半；如果把速度调成 50%，持续时间就会增长一倍，表示该素材的播放速度以 0.5 倍速度播放，即慢镜头。

2. 倒放速度

勾选"倒放速度"复选框，即将播放速度改变为 –100%，可实现倒放效果。

3. 保持音频音调

由于对视频进行快慢播放和倒放等变速处理，如果没有断开视音频链接，则音频音调也发生同样变化，出现声音的变速，因此，勾选"保持音频音调"复选框，在处理必须保留音频的素材时比较有用。

4. 波纹编辑，移动尾部剪辑

在对素材进行变速处理时，有时素材的后面还会排列有其他素材，勾选"波纹编辑，移动属部剪辑"复选框，可以进行波纹编辑，使后面的素材能够前移或后移，保持变速处理后素材的完整。

技术小贴士

在"时间轴"面板的序列中，要想将时间指针精确移动到某一个时间点位置，只需在时间码显示框中直接输入数值即可。比如要想将时间指针精确地移动到 2 分 16 秒 08 帧的位置，则只需在时间码显示框中输入数值"21608"，然后按"Enter"键，即可将时间指针精确移动到 2 分 16 秒 08 帧的位置。

第 4 章

"效果控件"面板

| 知识目标 |

（1）了解运动、不透明度和时间重映射属性中参数的具体含义。

（2）理解关键帧的概念。

| 能力目标 |

（1）熟练掌握关键帧的添加、删除和移动等实践操作。

（2）熟练制作关键帧动画。

| 素质目标 |

通过学习关键帧动画的基本操作，坚持严谨的科学精神，做到专心、耐心和细心，养成良好的学习习惯，不断提升自学能力。

| 本章概述 |

　　对于数字视频编辑软件 Premiere Pro CC 中时间轴窗口的任一视频轨道上的素材，在"效果控件"面板中均有运动、不透明度和时间重映射 3 个固定的属性设置。通过对素材属性设置关键帧参数，可以对图像进行相应的动态调整，如推拉、移动、旋转、缩放、淡入淡出和变速处理等。

　　本章主要讲解"效果控件"面板中运动、不透明度和时间重映射的参数含义及其基本操作，主要讲解利用关键帧设置动画的相关知识，通过典型案例的实践操作，熟练掌握"效果控件"面板中的运动、不透明度和时间重映射。设置关键帧是视频动画的核心技术，在本章的学习过程中，掌握关键帧设置，制作视频动画是重点和难点。

| 案例导入 |

　　电视剧《觉醒年代》以 1915 年《青年杂志》问世到 1921 年《新青年》成为中国共产党机关刊物为主线，展现了从新文化运动、五四运动到中国共产党建立这段波澜壮阔的历史画卷，讲述了觉醒年代的社会风情和百态人生。作为视觉艺术的重要形式，版画在革命初期对鼓舞国民起到了很大的作用，《觉醒年代》片头片尾的版画关键帧动画设计，不仅使画面呈现出极致的东方美学效果，而且在中国共产党革命历史进程的大节点上，发挥起承转合的作用，体现故事的叙事策略和内容拓展，从视觉到内容上多维度展现剧中人物的革命品格与斗争精神。

4.1 运动

4.1.1 运动参数详解

在 Premiere Pro CC 中，有时会出现导入的视频图像尺寸与项目预设不一致的情况，因此在导入视频素材之后，需要对素材进行一些相应处理，以保证最后编辑生成的视频内容有统一的视频图像尺寸。运动效果就可以对图像画面进行相应的动态调整，比如移动、旋转、缩放及变形等，因此，虽然 Premiere Pro CC 不是动画制作软件，但却可以利用强大的运动效果，通过添加关键帧对图像进行动画设置，即使静态图像有时也能产生许多精彩的运动效果。

要设置效果控件中的运动效果，首先需要在时间轴窗口中选定所需的素材，然后展开"效果控件"面板，在"效果控件"面板中对运动效果的参数进行设置，如图 4-1 所示。

▲ 图 4-1　运动效果参数

"效果控件"面板中运动效果参数含义如下。

1. 位置

"位置"用于设置画面在屏幕中的坐标位置，该参数的数值是画面所在平面坐标（X，Y）的中心值。

2. 缩放

默认情况下，"等比缩放"复选框处于选中状态，表示画面的长宽比例是不能变化的，因此"缩放宽度"这个参数设置呈现灰色不可改变状态。"缩放"参数用于设置整个画面的缩放比例，该参数是一个百分比，低于 100% 时为画面缩小，大于 100% 时为画面放大。

3. 缩放高度和缩放宽度

如果取消选中"等比缩放"复选框，就会出现"缩放高度"和"缩放宽度"两个参数，可以改变画面缩放的长宽比值，从而对画面进行变形处理。

4. 旋转

"旋转"用于设置画面的旋转效果，其参数值表示以锚点为中心旋转的度数，当超过 360° 时，数值显示为"圈数 × 度数"。

5. 锚点

"锚点"用于确定画面调整时的参考点坐标。

6. 防闪烁滤镜

"防闪烁滤镜"用于消除运动中产生的闪烁。

4.1.2 设置运动效果关键帧

1. 认识关键帧

关键帧是视频动画的核心。动画的基础来自每一帧的变化，因此，包含了记录视频效果数值的帧就是关键帧。任何视频素材都有两个默认的关键帧，它们分别位于素材的开始处和结束处。如果要制作动画效果，就需要设置新的关键帧。用户在时间轴上的特定位置添加记录点，设置新的关键帧，关键帧是记录运动关键特征的画面，而关键帧与关键帧之间的画面则由计算机程序自动添加。当用户设置了开始帧和结束帧的不同数值之后，就可以在它们之间看到一个动态的特效变化。

要使用"效果控件"面板设置关键帧，可以单击"效果控件"面板右上角的 ▣，在"效果控件"面板中显示时间轴序列，如图 4-2 所示。

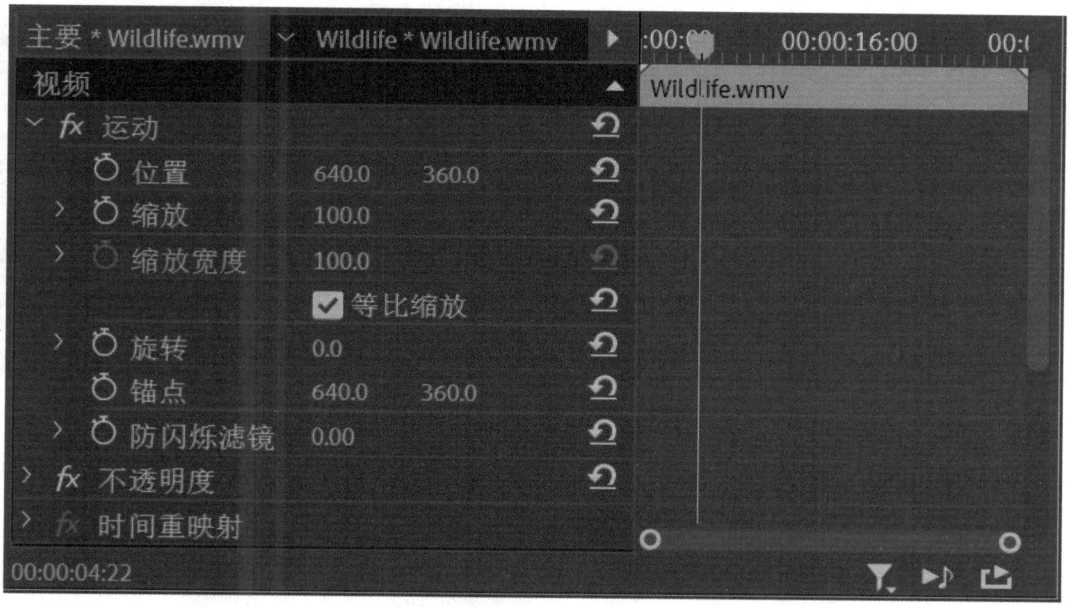

▲ 图 4-2　在"效果控件"面板中显示时间轴序列

2. 添加关键帧

对运动特效添加关键帧并设置参数是制作动画的前提，操作中可以对图像设置多个关键帧，以取得所需要的运动效果。这里选择对图像进行先旋转缩小，再旋转放大恢复正常作为演示效果，具体操作步骤如下。

步骤 1：将播放指针移动到视频开始的位置，"等比缩放"复选框处于选中状态，然后单击"缩放"前面的切换动画图标 ⟳，即可在播放指针位置添加一个关键帧 ◆，同时在"缩放"参数后面出现一个添加 / 删除关键帧显示 ◀ ◆ ▶。在同样的位置单击"旋转"前面的切换动画图标 ⟳，添加一个旋转动画的关键帧，如图 4-3 所示。

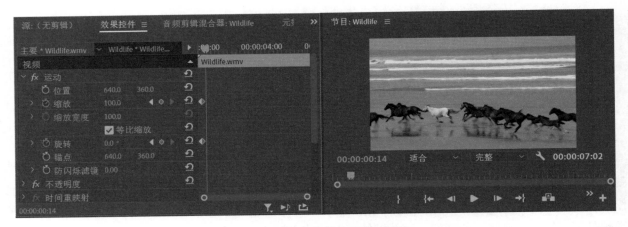

▲ 图 4-3　添加开始位置的关键帧

步骤 2：将播放指针移动到视频的中间位置，将"缩放"参数的数值设置为"30.0"，同时将"旋转"参数的数值设置为"60.0°"，为视频素材的缩放和旋转添加了第二个关键帧，如图 4-4 所示。

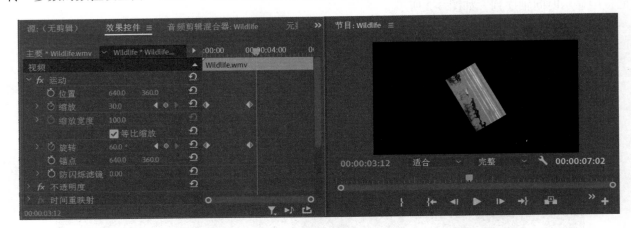

▲ 图 4-4　添加第二个关键帧

步骤 3：将播放指针移动到视频结束位置，将"缩放"参数的数值设置为"100.0"，同时将"旋转"参数的数值设置为"0.0°"，如图 4-5 所示。

▲ 图 4-5　添加结束位置的关键帧

步骤 4：按 "Enter" 键预演影片效果，其实际演示效果如图 4-6 所示。

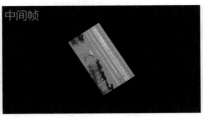

▲ 图 4-6 实际演示效果

3. 删除关键帧

要删除某个关键帧，只需单击将其选中，然后按 "Delete" 键即可，或者单击添加 / 移除关键帧的选项 中的 图标，如图 4-7 所示。

▲ 图 4-7 删除关键帧

如果要删除多个关键帧，可以在按 "Shift" 键的同时选中多个关键帧，然后按下 "Delete" 键即可一次性删除多个选中的关键帧。

4. 移动关键帧

可以使用拖动的方法移动关键帧位置，具体的方法是选中要移动的关键帧，然后按住鼠标左键拖放到目标位置处后释放即可。

4.2 不透明度

在 Premiere Pro CC 数字视频编辑软件中，允许添加 99 个视频轨道，其上层轨道图像自动覆盖下层轨道图像。视频轨道中的任何素材都有一个不透明度的固定特效参数，如图 4-8 所示，因此要显示出下层轨道中的图像内容，可以通过降低上层轨道中视频素材的不透明度，改变其中的参数设置，就可以显示出下层轨道中的视频内容。

▲ 图4-8　不透明度参数

不透明度的参数包括蒙版、不透明度和混合模式，具体的参数含义如下。

4.2.1 蒙版

不透明度中的蒙版主要是通过几何图形或者钢笔工具绘制的封闭路径创建的，封闭路径内为完全不透明，路径之外为完全透明。

1.蒙版路径

通过设置路径关键帧，可以设置路径动画。

2.蒙版羽化

调整蒙版羽化参数，设置蒙版羽化值。

3.蒙版不透明度

调整蒙版不透明度数值，可以调整路径内不透明度的程度。

4.蒙版扩展

调整蒙版扩展数值，可以对蒙版路径进行扩展或收缩，正数为蒙版扩展，负数为蒙版收缩。

4.2.2 不透明度与混合模式

当不透明度数值为100%时，表示为完全不透明，显示当前轨道的视频画面；当不透明度数值为0时，则表示完全透明，显示下一轨道的视频画面；当不透明度数值介于0~100%时，则显示为半透明，如图4-9所示。

▲ 图4-9　不透明度参数显示

任何视频素材都是由色相、明度和纯度三种要素构成，混合模式就是利用这些属性通过数学计算方法将两个以上的图像进行融合，最终产生新的图像画面。在 Premiere Pro CC 中共有 6 组 27 种混合模式，如图 4-10 所示。

正常 溶解	组合模式
变暗 正片叠底 颜色加深 线性加深 深色	变暗模式
变亮 滤色 颜色减淡 线性减淡（添加） 浅色	变亮模式
叠加 柔光 强光 亮光 线性光 点光 实色混合	饱和度模式
差值 排除 减去 划分	差集模式
色相 饱和度 颜色 明度	颜色模式

▲ 图 4-10 混合模式

1. 组合模式组

组合模式组分为正常和溶解两种模式。正常模式是无特殊效果模式，当上层素材不透明度发生改变时才能产生组合叠加的效果；溶解模式在上层有羽化边缘或者不透明度小于 100% 时起作用，也可以调节上层的不透明度数值观察其变化，显示溶解的实际效果，不透明度设置为 70%，如图 4-11 所示。

▲ 图 4-11 溶解效果

2. 变暗模式组

变暗模式组可以将图像混合后变暗，混合时当前轨道的视频颜色变得较深，通过不透明度参数调整可以将白色部分隐去，使主体完全融合到图像中，主要功能是去掉白背景并降低亮度值。以正片叠底模式为例，不透明度设置为 100%，如图 4-12 所示。

▲ 图 4-12　相乘模式

3. 变亮模式组

变亮模式组与变暗模式组效果相反，混合后当前轨道的视频颜色变得较亮，通过不透明度参数调整可以将黑色部分隐去，主要用于去掉黑色背景，提高亮度。以滤色模式为例，不透明度设置为100%，如图 4-13 所示。

▲ 图 4-13　滤色模式

4. 饱和度模式组

饱和度模式组在使用时可以产生高反差饱和度效果，在混合时以中性灰（RGB=128，128，128）为中间点，亮度高于50%灰度的像素会增加图像亮度，亮度低于50%灰度的像素会降低图像亮度，大于中性灰的更亮，小于中性灰的则变暗，等于中性灰的不变。以强光模式为例，不透明度设置为100%，如图 4-14 所示。

▲ 图 4-14　强光模式

5. 差集模式组

差集模式组可以将上下两个轨道的像素相减，该模式在颜色相同区域内变为黑色，不同颜色叠加部分变为反相色。以差值模式为例，不透明度设置为100%，如图 4-15 所示。

▲ 图 4-15　差值模式

6. 颜色模式组

颜色模式组利用 HLS 的色彩模式进行合成,可以将色彩混合分为色相、饱和度、颜色和明度四种模式,使用其中一种模式为下层轨道的视频素材添加颜色效果。以明度模式为例,不透明度设置为100%,如图 4-16 所示。

▲ 图 4-16　明度模式

技术小贴士

混合模式的显示与不透明度参数值息息相关,当混合模式设置好后,可以通过设置不透明度关键帧,使不透明度参数数值从 0~100% 变化,这样可以显示出混合模式的过渡变化。

4.3　时间重映射

在后期编辑过程中,有时为了表现特殊效果,需要对视频素材进行处理,实现一种时间错觉效果,使时间凝固或倒退的处理技巧,就是人们俗称的冻结帧和倒放。

在"效果控件"面板中的时间重映射只有一个速度参数,通过对视频素材的速度进行关键帧设置,可以实现时间上的无级变速,制作快慢镜头、倒放和冻结帧等效果,下面通过演示学习时间重映射制作的时间效果。

4.3.1 快慢镜头

步骤 1：双击"项目"面板的空白区域，导入"航拍 1.mp4"素材片段，直接拖动素材到时间轴，创建一个与素材帧尺寸一致的序列，如图 4-17 所示。

▲ 图 4-17　创建序列

步骤 2：移动播放指针，找到第一个有标记性的画面，在"效果控件"面板中展开时间重映射，单击"速度"参数前面的切换动画图标 ，在当前位置添加一个关键帧 。

步骤 3：找到第二个标志性画面的位置，单击添加第二个关键帧，通过同样的方法添加第三个关键帧和第四个关键帧，展开向右的扩展三角 ，如图 4-18 所示。

▲ 图 4-18　添加速度关键帧

步骤 4：将时间指针放在第一个关键帧和第二个关键帧之间，按住鼠标左键向下拖动，可以看到速度低于 100%，当速度参数调整到 50% 后，释放鼠标左键，实现慢放的播放效果。

步骤 5：将时间指针放在第一个关键帧和第二个关键帧之间，按住鼠标左键向上拖动，可以看到速度高于 100%，当速度参数调整到 150% 后，释放鼠标左键，实现快放的播放效果。

4.3.2 冻结帧

将时间指针放在第三个关键帧位置，左手按住"Ctrl+Alt"组合键，右手拖住鼠标左键向右侧拖动，可以看到一些垂直线，这是冻结帧的标志，拖动的时长就是冻结帧画面停留的时长。

4.3.3 倒放

将时间指针放在第四个关键帧位置，左手按住"Ctrl"键，右手拖住鼠标左键向右侧拖动，可以看到一些向左的三角号 ，这是倒放的标志，拖动到哪里就是倒放的画面位置，这样就实现了正常播放、慢镜头、快镜头、冻结帧、倒放和正常播放的画面效果，如图 4-19 所示。

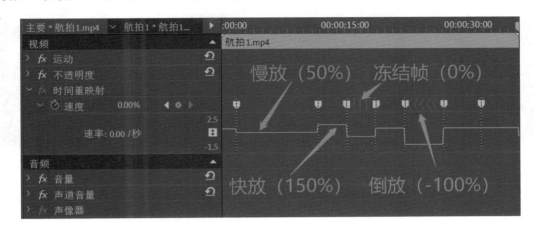

▲ 图 4-19　变速处理

技术小贴士

　　时间重映射添加的速度关键帧与以前的菱形关键帧不一样，如果想要实现加速或减速的效果，可以选择关键帧，单击其中的一侧向边上拖动，将关键帧前后的位置分开，这样就可以实现加速或者减速的效果。如果不想要加速或减速，而想要突变的形式，可以选择其中的一侧，直接按"Delete"键，就回到最原始的状态。利用时间重映射可以对时间进行无级变速，实现任何超越时间的操作，加速度、减速度、静帧和倒放都可以实现。

▪ 4.4　典型案例——分屏效果

　　分屏效果在很多影视作品中比较常见，一般是指对多个画面内容进行同时处理及多角度的镜头选取，使它们同时出现在画面中而实现视觉内容丰富的效果。分屏效果使影视作品中的画面内容更加丰富、镜头多角度地呈现在观众面前，使整个画面构图所表达的内容和体现的情绪相吻合，与画面内容紧密相连，成为有价值的构图。

　　运用"效果控件"面板中的特效设置，通过添加关键帧参数，对图像进行相应的动态调整，可以制作分屏效果。

　　步骤 1：新建一个项目文件，命名为"分屏效果"，暂存盘选择"与项目相同"。

　　步骤 2：双击"项目"面板的空白区域，导入三段"魅力济南 .mp4"素材片段，直接拖动素材到时间轴窗口，创建一个与素材帧尺寸一致的序列，如图 4-20 所示。

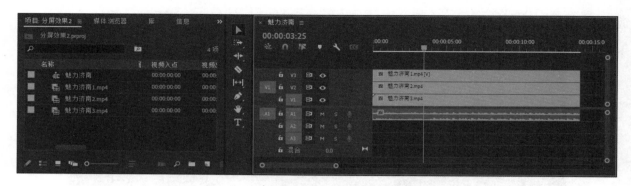

▲ 图 4-20　创建序列

步骤 3：选择时间轴序列中视频轨道 V3 的素材片段，单击"效果控件"面板的"不透明度"，选择钢笔工具 ✐，在"节目监视器"面板中绘制封闭的蒙版，设置蒙版羽化值为"0"，如图 4-21 所示。

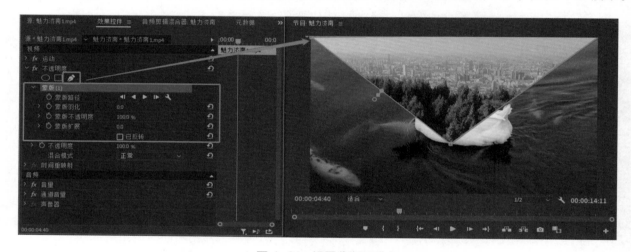

▲ 图 4-21　设置分屏画面 1

步骤 4：选择时间轴序列中视频轨道 V2 的素材片段，单击"效果控件"面板的"不透明度"，选择钢笔工具 ✐，在"节目监视器"面板中绘制封闭的蒙版，设置蒙版羽化值为"0"，如图 4-22 所示。

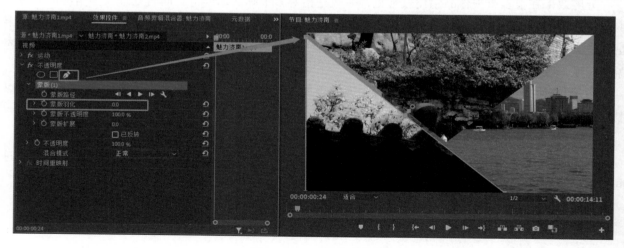

▲ 图 4-22　设置分屏画面 2

步骤 5：选择时间轴序列中视频轨道 V1 的素材片段，单击"效果控件"面板的"不透明度"，选择钢笔工具 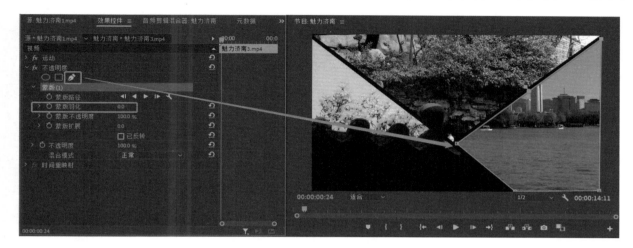，在"节目监视器"面板中绘制封闭的蒙版，设置蒙版羽化值为"0"，如图 4-23 所示。

▲ 图 4-23　设置分屏画面 3

步骤 6：框选"时间轴"面板中的 3 段素材，单击右键，执行"嵌套"命令，在弹出的"嵌套序列名称"对话框中，将名称定为"分屏"，如图 4-24 所示。

▲ 图 4-24　嵌套序列命名为"分屏"

步骤 7：选择嵌套序列"分屏"，单击右键，选择"取消链接"，将视音频链接断开，移动视频素材到视频轨道 V2，如图 4-25 所示。

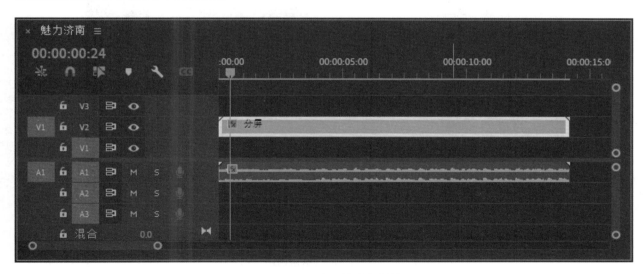

▲ 图 4-25　断开视音频链接

步骤 8：在"项目"面板中，单击"新建项"，选择"颜色遮罩…"（见图 4-26），在弹出的"新建颜色遮罩"对话框中，单击"确定"按钮，在弹出的"拾色器"中，选择"白色"。

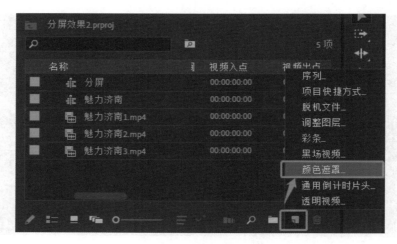

▲ 图 4-26　新建彩色遮罩

步骤 9：将白色遮罩直接拖动到"时间轴"面板的视频轨道 V1 上，最终分屏效果如图 4-27 所示。

▲ 图 4-27　分屏效果

第 5 章

视频过渡效果

| 知识目标 |

（1）了解转场的基本概念。

（2）理解视频过渡参数的具体含义。

（3）掌握常见的视频过渡效果。

| 能力目标 |

（1）熟练掌握过渡效果的添加和删除等具体操作。

（2）熟练掌握转场插件的安装及操作。

| 素质目标 |

通过转场过渡效果的学习，掌握第三方插件的功能，养成时刻关注影视行业发展动态和科技创新的良好习惯，树立终身学习的意识，提高视频编辑工作的业务能力。

| 本章概述 |

　　过渡效果是视频剪辑中最常见的方法，通常称为"转场"，就是一个镜头素材和另一个镜头素材间的衔接方式。当我们通过拍摄或其他方法获得各种镜头素材后，就需要把这些基本镜头素材按照一定的编辑思路连接起来，这种镜头之间的衔接方式就称为"转场"，或称作"硬切"。镜头之间通过"转场"可以形成一个逻辑连贯、富有节奏、寓意深刻的影视片段，"转场"是导演组织影片的最基本单位。利用这种镜头之间的转场效果，可以使表现的内容更具有条理性、连续性，使观众在视觉上感到自然、顺畅。

　　本章主要讲解视频过渡效果的相关知识和基本操作，包括视频过渡效果的添加、删除和参数设置等，讲解常见的视频过渡效果，掌握利用视频过渡创作视频编辑效果的方法。由于 Premiere Pro CC 具有开放性结构的特点，因此本章增加了第三方插件的转场功能介绍，强大的插件支撑不仅加强了 Premiere Pro CC 软件的视频编辑能力，而且提供了强大的创意设计空间，是本章的重点内容。

| 案例导入 |

　　纪录片《自然的力量》从青藏高原的世界屋脊，到吐鲁番盆地的中国谷底；从热带雨林的亚洲象漫步，到南海海底的珊瑚产卵大爆发，展现了中国自然场景的广阔和丰富。片头从高山、深海、长河、大漠到生命，镜头画面的交替变化，展现着自然的力量。白色眩光的转场效果让观众从一个场景转换到另一个场景，视角的转换为观众呈现出一场视觉盛宴，诠释了未来建设美丽中国的发展之路。

5.1　应用视频转场

5.1.1　添加视频过渡效果

在添加视频过渡效果之前首先打开"效果控件"面板，同时保证视频轨道中需要添加过渡的素材是连接在一起的。添加视频过渡效果的具体操作如下。

步骤 1：单击菜单"窗口"→"效果"，打开"效果"面板，在"效果"面板中选择"视频过渡"，展开"视频过渡"文件夹，找到需要添加的过渡类型。

步骤 2：选中"过渡类型"，按住鼠标左键直接拖至"时间轴"面板中视频轨道的两个素材之间，添加效果之后，在两个素材中间的衔接处会出现一个对应效果的标志，如图 5-1 所示。

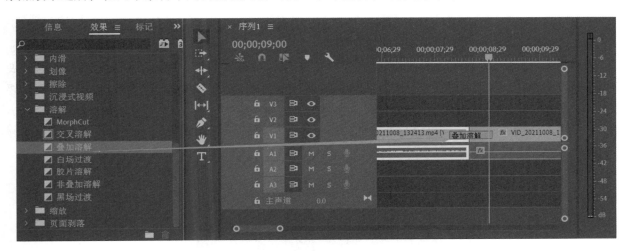

▲ 图 5-1　添加视频过渡效果

步骤 3：在视频轨道中单击"视频过渡"标志，选中相应的过渡效果，在监视器中就可以看到实际显示效果，如图 5-2 所示。

▲ 图 5-2　视频过渡预览效果

5.1.2　删除视频过渡效果

添加视频过渡效果之后若需要删除，只需在视频轨道中已经添加的视频过渡处按下"Delete"键即可，还可以在要删除的过渡标志处，单击右键弹出"清除"命令，再单击"清除"即可，如图 5-3 所示。

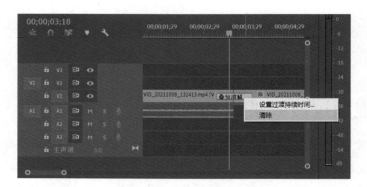

▲ 图 5-3   删除视频过渡效果

5.1.3 设置默认过渡效果

在项目窗口中利用自动适配序列 ▮▮▮ 功能时，会遇到使用默认视频过渡的操作，默认的过渡效果和持续时间有时可以很方便地添加视频过渡效果。

在"效果"面板中选择"视频过渡"，展开向右的扩展三角 ▶，展开"视频过渡"文件夹，继续展开"溶解"文件夹，可以看到"交叉溶解"外面有蓝色框，表明这是系统默认的过渡效果。如果需要修改，可以选择要设置为默认的过渡效果，比如选择"叠加溶解"，单击右键选择"将所选过渡设置为默认过渡"，如图 5-4 所示，就可以将"叠加溶解"设置为默认过渡效果，"叠加溶解"的外面会出现蓝色框。

▲ 图 5-4   设置默认过渡效果

5.1.4 设置过渡效果参数

默认的过渡效果参数有时不能满足表现作品艺术性的需求，因此可以通过"效果控件"面板对过渡效果的参数进行设置。下面以"油漆飞溅"效果为例，介绍过渡效果的参数设置方法。在视频轨道中双击"油漆飞溅"效果，打开如图 5-5 所示的"效果控件"面板。

▲ 图 5-5 "效果控件"面板

1. 持续时间

默认状态下的持续时间是系统默认或用户已经设置的默认持续时间，将鼠标移动到持续时间后面的数值上，会看到鼠标指针变成双箭头的手形，这时单击鼠标左键并拖动，会看到持续时间数值的变化情况，同时在"效果控件"面板右边可以看到过渡时间的长度变化情况。

2. 对齐

在对齐的下拉列表框中可以设置过渡开始的位置，包括中心切入、起点切入、终点切入和自定义起点等，默认状态是"中心切入"。

3. 显示实际源

选中"显示实际源"，即在预览窗口中以实际的素材显示，而非以 A/B 模式进行显示。

4. 边框宽度

"边框宽度"可以调节素材之间过渡边框的粗细，数值越大，边界越粗，数值"0"为无边界，如图 5-6 所示。

▲ 图 5-6 边框宽度

5.边框颜色

"边框颜色"可以调节素材之间过渡边框的颜色，通过右侧的颜色拾色器可以设置边框的颜色。

6.反向

"反向"可以反转过渡效果。

7.消除锯齿品质

在消除锯齿品质的下拉列表框中，可以设置过渡边缘的锯齿程度，关、低、中和高四个选项对应边缘锯齿的消除效果依次增强。

设置好过渡效果的参数后，拖动时间轴上的播放指针可以在监视器中预览最终的过渡效果。

5.2 常用视频过渡效果

Premiere Pro CC 提供了各种各样的视频过渡效果，灵活地运用这些过渡效果对进行视频编辑是非常有帮助的，下面介绍视频过渡的常见基本效果。

5.2.1 3D 运动过渡效果

3D 运动过渡效果中包含立方体旋转和翻转等效果，它们都具有 3D 的立体效果，只是 3D 的运动状态不同，下面以"翻转"为例进行演示。如图 5-7 所示，图像 A 和图像 B 组成了一张纸的两个面，在翻转的过程中，一面翻过去，另一面翻过来。

▲ 图 5-7 "翻转"过渡效果

5.2.2 滑动过渡效果

滑动过渡效果多是从画面的局部以各种形式滑动，实现图像 A 到图像 B 的过渡效果。滑动过渡有中心拆分、内滑、带状内滑、摇和推等几种效果，下面以"推"为例进行演示。将"边框宽度"设置为"10.0","边框颜色"选择"白色","消除锯齿品质"选择"高",效果如图 5-8 所示。

▲ 图 5-8 "推"过渡效果

5.2.3 划像过渡效果

划像过渡效果是一种比较灵活的过渡方式,用户可以通过对过渡参数进行设置,实现丰富的观赏效果。划像过渡效果是前后两段素材的画面之间按照某种几何图像的轮廓进行放缩,显示后一个镜头画面的一种过渡效果形式。划像过渡效果有交叉划像、圆划像、盒划像和菱形划像等几种效果,下面以"圆划像"为例进行演示,如图 5-9 所示。

▲ 图 5-9 "圆划像"过渡效果

5.2.4 擦除过渡效果

擦除过滤效果是模拟实际中的擦除效果进行过渡的,即图像 A 被擦除之后,露出下面的图像 B。擦除过渡效果有时钟式、棋盘、水波、油漆、百叶窗、随机和风车等十多种效果,这里以"时钟式擦除"为例进行演示,如图 5-10 所示。

▲ 图 5-10 "时钟式擦除"过渡效果

5.2.5 沉浸式视频过渡效果

沉浸式视频就是观察者视点不变，改变观察方向便能够观察周围的全部场景。沉浸式视频过渡效果均为无缝效果，可以确保过渡画面不会出现失真现象。沉浸式视频过渡效果有 VR 光圈擦除、VR 光线、VR 渐变擦除、VR 漏光、VR 球形模糊和 VR 色度泄漏等几种效果，下面以"VR 球形模糊"为例进行演示，如图 5-11 所示。

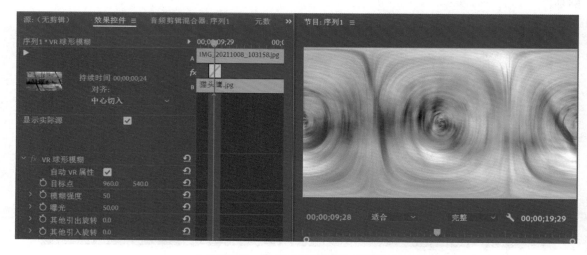

▲ 图 5-11 "VR 球形模糊"过渡效果

5.2.6 溶解过渡效果

溶解过渡效果是视频编辑中最常用的过渡方式，它在过渡中的效果如下：当图像进入过渡区范围时，图像 A 的强度逐渐减弱，与此同时，图像 B 的强度逐渐增强，当图像 A 完全消失的时候就是图像 B 完全显现的时候。溶解过渡效果有 Morph Cut、交叉溶解、叠加溶解、非叠加溶解、白场过渡、黑场过渡和胶片溶解等几种效果，下面选择默认的"交叉溶解"为例进行演示，如图 5-12 所示。

▲ 图 5-12　"交叉溶解"过渡效果

5.2.7　缩放过渡效果

缩放过渡效果是通过对素材的放大（缩小）以模糊或遮盖的方式实现过渡的。"交叉缩放"过渡效果是图像 A 逐渐放大充满整个屏幕，图像 B 以同样的比例缩小进入屏幕，最后变成正常的比例显示出来，通过调整图像中心点位置，可以实现令人意想不到的效果，如图 5-13 所示。

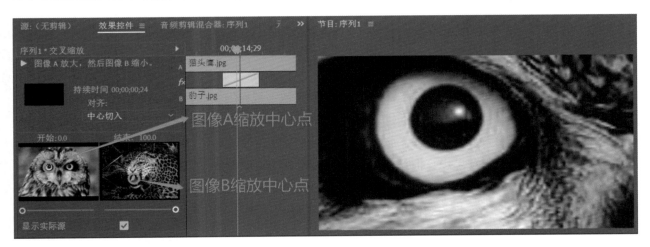

▲ 图 5-13　"交叉缩放"过渡效果

5.2.8　页面剥落过渡效果

页面剥落过渡效果是通过模仿翻转显示下一页书页的方式实现过渡的，即素材 A 在第一页上，素材 B 在第二页上。页面剥落效果包括翻页和页面剥落两种过渡类型，下面以"页面剥落"为例进行演示，如图 5-14 所示。

▲ 图 5-14 "页面剥落"过渡效果

技术小贴士

　　Morph Cut 效果是 Premiere Pro CC 新增的一个过渡类型，主要用于解决视频剪辑时的跳帧或断帧问题，以保持局部的连贯效果。尤其在同机位剪辑时，对于特定场景中单背景单人物的采访视频，剪辑时非常容易出现跳帧现象，导致人物运动的不连贯，添加 Morph Cut 效果就很自然地解决了这个难题，让采访视频中人物的过渡更加自然。

5.3 过渡效果插件

　　由于 Premiere Pro CC 具有开放性结构的特点，除了数字视频编辑软件本身自带的过渡效果外，第三方公司的加盟使它具有了更强大的插件支撑。Premiere Pro CC 自身和第三方插件的转场功能不仅提升了软件的视频编辑能力，而且提供了强大的创意设计空间。通过灵活地运用过渡效果，可以充分地表达导演的编辑意图和创意思想，但过渡效果并不是完成或实现视频编辑和创意的万能工具，它们本身并不能带给编辑者设计和创意的灵感，只有使用它们的导演或者视频编辑者本身具有想象力，创造性地使用和设置它们的参数，才能编辑出令人耳目一新的视频作品。

5.3.1 过渡效果插件

　　过渡插件常用的有 Hollywood FX、Spice Master 等。Hollywood FX 是一个可以脱离 Premiere Pro CC 单独运行的软件，安装该插件后，它的转场就会出现在 Premiere Pro CC 的过渡效果当中，外带的过渡效果就可以在 Premiere Pro CC 里直接被调用。

　　Spice Master 插件不但功能十分丰富、强大，而且操作简便、可扩展性好，这是它在视频编辑中一直经久不衰的原因。它被认为是 Premiere Pro CC 自带的擦除过渡效果的扩展版，但它的可设置内容比擦除效果更加细致，可以为 Premiere Pro CC 增加上百种精彩的过渡效果。除它庞大的自带过渡效果外，它还可以自定义过渡效果，也可以去其他网站上下载现成的过渡效果库。

5.3.2 插件的过渡效果应用

步骤 1：插件安装完成后，可以在"效果"面板中看到已经安装的过渡插件，选择过渡插件，展开视频过渡的文件夹，就能看到各种过渡类型。

步骤 2：选中过渡类型，按住鼠标左键直接拖入时间轴窗口中视频轨道的两个素材之间，添加"Impact Rays"过渡效果之后，在两个素材中间的衔接处会出现一个过渡标志，如图 5-15 所示。

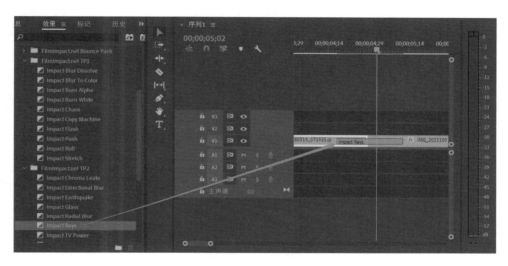

▲ 图 5-15　添加过渡插件效果

步骤 3：在视频轨道中双击过渡插件效果，在"效果控件"中可以通过设置参数，实现如图 5-16 所示的过渡效果。

▲ 图 5-16　过渡插件效果参数

Impact Rays 的参数含义如下。

Transition Timing：设置过渡时间。

Start：设置过渡开始的百分比。

End：设置过渡结束的百分比。

Wipe Angle：设置擦除角度。

Wipe Feather：设置擦除的羽化值。

Glow Color：设置辉光的颜色。

Ray Length：设置光线长度。

Exposure：设置曝光的程度。

第 6 章

常用视频特效

| 知识目标 |

（1）了解视频特效的作用。

（2）理解视频特效参数的具体含义。

（3）掌握常见的视频特效类型及功能。

| 能力目标 |

（1）熟练掌握视频特效的添加、删除等实践操作。

（2）灵活运用视频特效完成典型案例操作。

| 素质目标 |

通过常用视频特效的操作学习，做到不断积累视频特效的相关知识，打开自身的视野和思维空间，激发创新意识，培养创新能力，增强对视频编辑工作的职业兴趣。

| 本章概述 |

　　Premiere Pro CC 除了具备完善的视音频编辑功能之外，同时也带有大量像 Photoshop 一样功能强大的过滤效果，能产生特殊的艺术效果，在 Premiere Pro CC 中，我们通常把这些过滤效果统称为视频特效。

　　本章主要讲解了视频特效的相关知识和基本操作，包括视频特效的添加、关闭和删除、参数含义及设置、特效关键帧设置等，还讲解了常见的视频特效。视频特效可以实现现实中无法实现的影视效果，既能使影片在视觉上变得精彩，又可以使画面变得生动有趣，还可以弥补拍摄过程中造成的画面缺陷，极大地丰富了画面的视觉效果和艺术效果，因此掌握视频特效的使用方法，灵活运用视频特效制作各种视觉效果是本章的重点。

| 案例导入 |

　　纪录片《一带一路》记录了国内外多个普通人与"一带一路"的故事，以小故事阐述大主题，用事实和事例印证一带一路"不是中国一家的独奏，而是沿线国家的合唱"。

6.1　视频特效概述

视频特效用于对视频中的像素进行处理,以便根据具体的参数设置来实现用户需要的视频效果。如果前期拍摄中存在一些不足或缺陷,比如画面拍摄不稳定、曝光不足或曝光过度、被采访人说话不流畅和镜头画面越轴等问题,都可以通过对源素材应用视频特效进行相应的弥补,比如通过稳定特效提高画面的稳定性,通过颜色校正特效改变源素材的颜色或曝光度,通过翻转特效处理一些镜头画面越轴问题,如图 6-1 所示。

▲ 图 6-1　水平翻转处理越轴

视频特效除了可以对源素材进行特效处理,弥补拍摄过程中的不足,修补源素材中的某些缺陷外,还可以通过添加某种特定的艺术效果,渲染气氛,增强画面的视觉冲击(如扭曲、模糊、风格化等),如图 6-2 所示。

 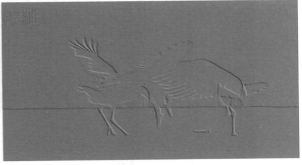

▲ 图 6-2　浮雕效果

技术小贴士

　　虽然 Premiere Pro CC 的视频特效功能非常强大,但绝不是所有前期拍摄出现问题的画面,都可以使用特效将其调整到一个正常的程度,只有某些画面瑕疵可以通过视频特效进行适当调整和修补。很多视频素材由于动作幅度过大、色彩曝光不正确等原因,并不能完全修复,因此在前期拍摄时,还是要尽量拍摄出符合要求的镜头画面,避免出现无法修复的问题。

6.2　应用视频特效

在 Premiere Pro CC 中，用户可以根据自己的实际需要方便地为任何一段视频素材添加一个或者多个视频特效，也可以根据需要进行删除。为了实现需要的特殊效果，用户可以对添加的视频特效进行相应的参数设置，以制作出各种艺术效果。

6.2.1 添加视频特效

用户可以对任何轨道上的视频素材添加视频特效，以"反转效果"为例，添加视频特效的具体操作如下。

步骤 1：单击"效果"工作区模式，可以看到 Premiere Pro CC 的工作界面变为效果模式，右侧出现"效果"面板，在"效果"面板中可以展开"视频效果"文件夹，如图 6-3 所示。

▲ 图 6-3　"效果"面板

步骤 2：展开"视频效果"文件夹，找到"通道"组视频特效，选中"反转"视频特效，按住鼠标左键直接拖到时间轴窗口视频轨道 V1 的素材上，添加视频特效之后，在素材上面会出现一个绿色的 fx 效果标志，如图 6-4 所示。

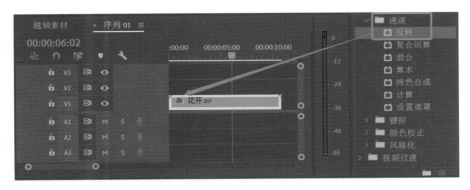

▲ 图 6-4　添加特效

步骤 3：在视频轨道 V1 中的素材上添加了反转效果后，在"效果控件"面板中可以看到反转效果的具体参数，选择"声道"为"亮度"，在"节目监视器"面板中就可以看到实际的反转效果，如图 6-5 所示。

源素材

▲ 图 6-5　添加反转效果

6.2.2 关闭和删除视频特效

添加视频特效之后，在"效果控件"面板中可以对视频特效进行相应的关闭和删除控制。

1. 临时关闭视频特效

在"效果控件"面板中，单击特效名称左侧的固定特效开关图标 **fx**，图标显示为 **fx**，表示临时关闭视频特效，如图 6-6 所示。如果要重新启用该效果，可以再次单击特效名称左侧的固定特效开关图标，使其恢复显示即可。

▲ 图 6-6　临时关闭视频特效

2. 删除素材中已经应用的视频特效

可以在"效果控件"面板中选中特效，在"反转"特效上单击右键，弹出菜单，选择"清除"选项，如图 6-7 所示。

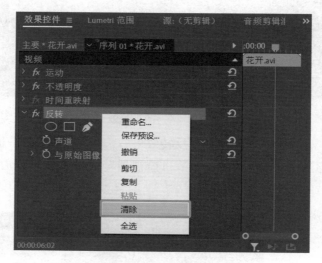

▲ 图 6-7 "清除"选项

在"效果控件"面板中选中想要删除的视频特效，直接按"Delete"键即可。

6.2.3 设置多个视频特效

一个素材可以同时应用多个视频特效，而且每个视频特效的叠放顺序不一致也能影响最后的实际效果。下面通过"河水"的案例操作，了解多个视频特效的设置方法。

1. 添加镜头光晕效果

步骤 1：导入一段"河水"的素材到时间轴上，在"效果"面板中单击放大镜工具，输入"镜头光晕"，在下方会弹出所有的镜头光晕效果，选择"生成"中的"镜头光晕"，按住鼠标左键拖动到时间轴窗口视频轨道 V1 中的"河水"素材上，为素材添加一个"镜头光晕"效果，如图 6-8 所示。

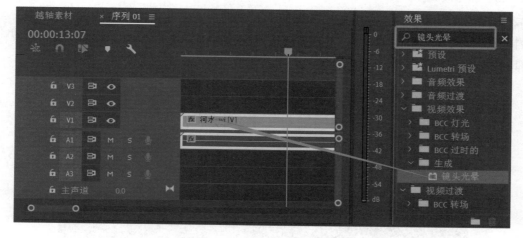

▲ 图 6-8 添加"镜头光晕"效果

步骤 2：在"效果控件"面板中，调整"镜头光晕"的参数，使"光晕中心"移动到左上方的位置，"光晕亮度"设置为"80%"，如图 6-9 所示。

▲ 图 6-9　设置"镜头光晕"参数

步骤 3：复制"河水"素材，放置在视频轨道 V2 上，如图 6-10 所示。

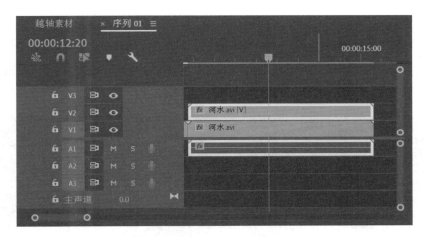

▲ 图 6-10　复制素材到视频轨道 V2

2. 添加镜像效果

步骤 1：在"效果"面板中单击放大镜工具 🔍，输入"镜像"，在下方会弹出镜像效果，选择"扭曲"中的"镜像"，按住鼠标左键拖动到时间轴窗口视频轨道 V2 中的"河水"素材上，为素材添加一个"镜像"效果，如图 6-11 所示。

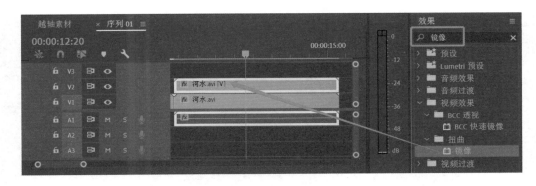

▲ 图 6-11　添加"镜像"效果

步骤 2：在"效果控件"面板中，调整"镜像"的参数，将"反射角度"设置为"90.0°"，制作上下的"镜像"效果，如图 6-12 所示。

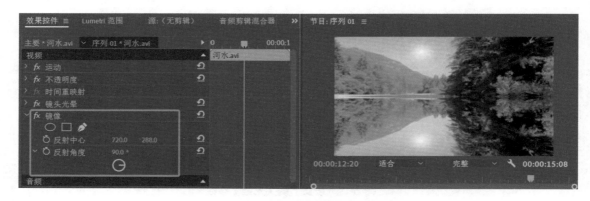

▲ 图 6-12　设置"镜像"参数

3. 添加复合模糊效果

步骤 1：在"效果"面板中单击放大镜工具 ，输入"复合模糊"，在下方会弹出"复合模糊"效果，选择"模糊与锐化"中的"复合模糊"，按住鼠标左键拖动到时间轴窗口视频轨道 V2 中的"河水"素材上，为素材添加一个"复合模糊"效果，如图 6-13 所示。

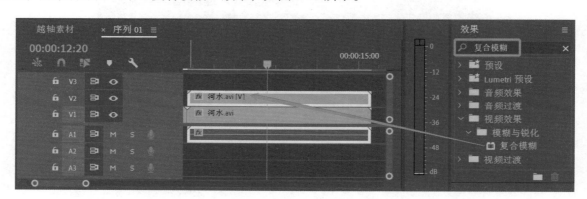

▲ 图 6-13　添加"复合模糊"效果

步骤 2：在"效果控件"面板中，调整"复合模糊"的参数，将"最大模糊"值设置为"20.0"，制作模糊效果，如图 6-14 所示。

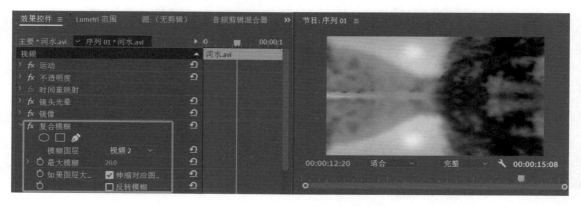

▲ 图 6-14　设置"复合模糊"参数

4. 添加裁剪效果

步骤 1：在 "效果" 面板中单击放大镜工具 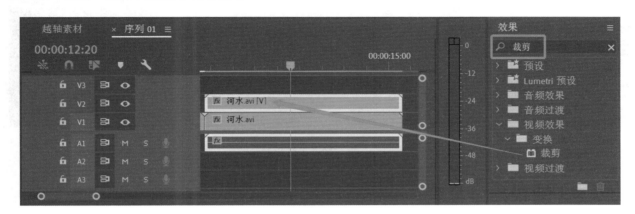，输入 "裁剪"，在下方会弹出 "裁剪" 效果，选择 "变换" 中的 "裁剪"，按住鼠标左键拖动到时间轴窗口视频轨道 V2 中的 "河水" 素材上，为素材添加一个 "裁剪" 效果，如图 6-15 所示。

▲ 图 6-15　添加 "裁剪" 效果

步骤 2：在 "效果控件" 面板中，调整 "裁剪" 的参数，将 "顶部" 裁剪设置为 "50.0%"，"羽化边缘" 设置为 "12"，如图 6-16 所示。

▲ 图 6-16　设置 "裁剪" 参数

5. 改变视频特效顺序

从上面的操作可以看出，为 "河水" 素材添加的镜头光晕效果，通过镜像制作出水中的光晕效果。现在选中 "效果控件" 中的 "镜头光晕" 效果，按住鼠标左键拖动到最后一个效果 "裁剪" 的最下方，可以看到水中的光晕效果消失不见了。因此，为素材添加多个视频特效制作效果时，叠放顺序的不一致会影响到最后效果的呈现，如图 6-17 所示。

▲ 图 6-17 改变视频特效顺序

6.2.4 设置特效参数

在为素材添加视频特效后，每一个视频特效都有特定的参数选项，合理设置这些参数，能够使特效达到理想的炫酷效果。下面以"边角定位"为例，进行相应的参数设置。

步骤 1：导入"鸿雁喷泉"的素材到时间轴窗口视频轨道 V1 上，导入"仙鹤"素材到视频轨道 V2 上，在"效果"面板中单击放大镜工具🔍，输入"边角定位"，在下方会弹出"边角定位"效果，选择"扭曲"中的"边角定位"，按住鼠标左键拖动到时间轴窗口"仙鹤"素材上，为视频轨道 V2 中的"仙鹤"素材添加一个"边角定位"效果，如图 6-18 所示。

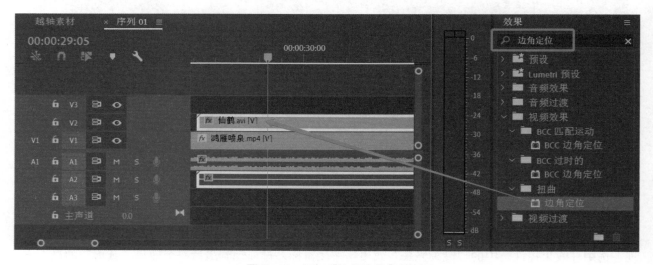

▲ 图 6-18 添加"边角定位"效果

步骤 2：在"效果控件"面板中单击"边角定位"，可以看到"节目监视器"面板中"仙鹤"的素材边缘出现 4 个控制点，如图 6-19 所示。

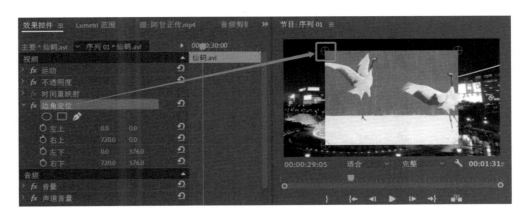

▲ 图 6-19　显示边角控制点

　　步骤 3：在"节目监视器"面板中，选择其中一个控制点，按住鼠标左键，拖动到"鸿雁喷泉"素材中的大屏幕位置，在拖动过程中，可以结合放大工具和手形工具，使四个控制点完美地贴合到大屏幕上，如图 6-20 所示。

▲ 图 6-20　调整控制点位置

　　步骤 4：在"节目监视器"面板中切换适合比例，看到实际效果变化，仙鹤素材替换大屏幕上原有的播放画面，与鸿雁的音乐喷泉融为一体，如图 6-21 所示。

▲ 图 6-21　预览效果

6.2.5 视频特效关键帧

　　要设置关键帧，需要使用"效果控件"面板上的显示 / 隐藏时间轴按钮▦，单击该按钮后，在"效果控件"面板中显示时间轴窗口，如图 6-22 所示，才可以对关键帧进行设置。以上面操作的"边角定位"为例，进行演示说明。

▲ 图 6-22　在"效果控件"面板中显示时间轴

步骤 1：添加关键帧。打开"效果控件"面板，展开"边角定位"的参数，将播放指针移动到素材位置，然后按左上、右上、左下和右下等参数前面的切换动画图标，使其变为，即在所有参数的后面出现一个添加关键帧标志，在时间轴窗口三分之一位置处增加了开始位置关键帧，如图 6-23 所示。

▲ 图 6-23　设置开始位置关键帧

步骤 2：将播放指针移动到素材的三分之二位置处，单击参数后面的重置参数标志，即可将参数恢复至初始状态，并且在时间轴窗口三分之二位置处添加结束位置关键帧，如图 6-24 所示。

▲ 图 6-24　设置结束位置关键帧

步骤 3：将时间指针移动到素材的开始位置，单击播放按钮，即可看到所设置的关键帧效果，如图 6-25 所示。

▲ 图 6-25　预览效果

6.3　常用视频特效

Premiere Pro CC 中内置了非常丰富的视频特效，本节将节选其中常见的几组视频特效进行介绍，合理地选用视频特效可以为影片增加丰富的视觉效果。键控特效和调色特效将会在第 7 章和第 8 章中进行详细介绍，这里不再赘述。

6.3.1　变换特效

▲ 图 6-26　变换特效

变换特效用于调整画面的大小和位置，该组视频特效包括 5 种效果，如图 6-26 所示，这里选择其中的 2 种效果进行演示说明。

1. 水平翻转

在素材上运用水平翻转效果，可以将画面沿垂直中心翻转 180°，该效果没有可设置的参数。由于前期拍摄疏忽，造成的越轴问题，在"效果"面板中选择"水平翻转"，直接拖动到时间轴序列素材上，水平翻转之后，越轴的问题也就顺利解决，如图 6-27 所示。

▲ 图 6-27　水平翻转效果对比

2. 羽化边缘

羽化边缘特效用于柔化画面的边缘，羽化后的画面叠加在下面的图像上，从而产生比较自然的过渡效果，形成整体感，其效果如图 6-28 所示。

▲ 图 6-28　羽化边缘效果对比

6.3.2 图像控制特效

图像控制特效用于控制和纠正画面色彩，该组视频特效包括 5 种效果，如图 6-29 所示，这里选择其中的 2 种效果进行演示说明。

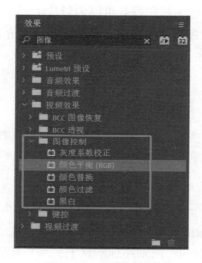

▲ 图 6-29　图像控制特效

1. 灰度系数校正

灰度系数校正特效是用来减淡或加深图像中的灰色部分，也可以提亮暗部区域，增强暗部的层次感，其效果如图 6-30 所示。

▲ 图 6-30　灰度系数校正效果对比

2. 颜色平衡（RGB）

颜色平衡（RGB）特效通过改变像素的 RGB 值来调节图像的颜色和质感，取得了意想不到的效果，其效果如图 6-31 所示。

▲ 图 6-31　颜色平衡（RGB）效果对比

6.3.3 扭曲特效

扭曲特效通过对画面进行几何扭曲和变形处理，来产生各种奇妙的效果，该组视频特效共有 12 种效果，如图 6-32 所示，这里选择 3 种效果进行演示。

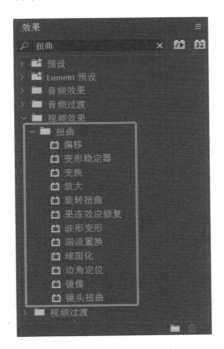

▲ 图 6-32　扭曲特效

1. 变形稳定器

变形稳定器效果可以消除画面中的不稳定，虽然画面分析起来比较慢，但效果相对稳定和精准，可以弥补由于前期拍摄条件不足造成的画面抖动。

将"稳定素材"文件或者自己拍摄的用于变形稳定器效果的画面拖动到合成窗口中，添加变形稳定器效果到时间轴窗口中的素材上，从"效果控件"中可以看到"变形稳定器"的参数，如图 6-33 所示。

▲ 图6-33 "变形稳定器"参数

变形稳定器效果的参数含义如下。

1）分析

"分析"是进行后台分析，在参数中可以看到分析的百分比，分析可能需要一定的时间，这与素材本身的属性有关。

2）稳定化的选项

（1）结果：包括平滑运动和无运动两种，平滑运动会保留原有摄像机的运动，让结果更为平滑。无运动会去除摄像机的运动。

（2）平滑度：设置平滑百分比。

（3）方法：可以在下拉三角中选择"位置"、"位置、缩放、旋转"、"透视"和"子空间变形"四种稳定方式。其中基于"位置、缩放、旋转"的稳定，如果没有足够的区域进行跟踪，则稳定变形器将选择前一种类型"位置"，即基于"位置"数据进行稳定。"透视"稳定方式可以有效地对整帧进行边角定位，但如果没有足够的区域进行跟踪，则稳定变形器将选择前一种类型"位置、缩放、旋转"。"子空间变形"是默认的稳定方式设置，尝试以不同的方法去稳定帧的各个部分，同样如果没有足够的区域进行跟踪，则稳定变形器将选择前一种类型"透视"。同时要注意，在某种情况下，"子空间变形"可能会造成某些不必要的变形，而"透视"可能会引起某些不必要的梯形失真，所以在选择时，如果出现这种情况，可以选择一种比较简单的稳定方式来防止畸形。

3）边界选项

（1）帧：单击下拉列表，可以选择"仅稳定"、"稳定、裁切"、"稳定、裁切、自动缩放"和"稳定、合成边缘"帧设置。"仅稳定"显示整个帧，包括移动的边缘。"稳定、裁切"显示裁切移动的边缘且不缩放。"稳定、裁切、自动缩放"是默认的取景设置，裁切移动的边缘并放大图像以重新填充由于裁切形成的帧空白。"稳定、合成边缘"受"高级"选项中"合成输入范围"的控制。

（2）自动缩放：选择"稳定、裁切、自动缩放"稳定方式时，会自动启用该方式的参数，显示当前的自动缩放量，并允许用户对自动缩放量进行设置。

（3）附加缩放：最大缩放，限制为进行稳定而裁切放大的最大量。

4）高级选项

（1）详细分析：当勾选启用此项时，会让下一个分析阶段执行额外的工作来查找要跟踪的元素，这个数据的计算时间会很长，而且速度会很慢，但稳定效果却更精准。

（2）果冻效应波纹：单击下拉列表，可以选择"自动减少"或"增强减少"。当稳定方式设置为"透视"或"子空间变形"时，稳定器会自动消除与被稳定素材相关的果冻效应波纹，默认设置为"自动减少"，如果素材包含有较大的波纹，可以选择使用"增强减少"。

（3）更少裁切 <-> 更多平滑：设置裁切平滑的百分比。

（4）合成输入范围（秒）：当帧选项中选择"稳定、合成边缘"设置时，可以激活此参数，控制合成进程在时间上向后或向前移动多少来填充缺少的像素。

（5）合成边缘羽化：当帧选项中选择"稳定、合成边缘"设置时，可以激活此参数，为合成的片段设置羽化值。

（6）合成边缘裁切：当帧选项中选择"稳定、合成边缘"设置时，可以激活此参数，为合成片段设置边界的裁切值。

（7）隐藏警告栏：当有"警告栏"显示出必须要对素材进行重新分析时，用户不希望对其进行重新分析，可以选择勾选此项，隐藏"警告栏"。

技术小贴士

一般情况下，如果拍摄的镜头画面不稳定幅度较小，通过变形稳定器的默认参数设置，就可以很好地达到稳定画面的效果。但如果画面抖动幅度比较大，使用默认参数设置就会出现某些问题，这时需要对参数进行精细地调节。

2. 旋转扭曲

旋转扭曲可以使图像发生扭曲变化，产生类似旋风的效果，其效果如图 6-34 所示。

▲ 图 6-34　旋转扭曲效果对比

3. 球面化

球面化能够产生球面变形的扭曲效果，适合突出文字，通过添加关键帧可以实现球面运动的动感效果，其效果如图 6-35 所示。

▲ 图 6-35　球面化效果对比

6.3.4 时间特效

时间特效有残影和色调分离时间两种效果，如图 6-36 所示。

▲ 图 6-36　时间特效

1. 残影

残影效果可以将多个画面重叠在一起，增强画面的亮度和色彩，应用于大幅度的运动镜头上会有明显效果，其效果如图 6-37 所示。

▲ 图 6-37　残影效果对比

2. 色调分离时间

色调分离时间效果主要用于设置素材的帧速率，可以产生类似抽帧的效果，其效果如图 6-38 所示。

▲ 图 6-38　色调分离时间效果

6.3.5 杂色与颗粒特效

杂色与颗粒特效主要通过 Alpha 和 HLS 进行处理，包括 6 种效果，如图 6-39 所示，这里选择其中的 2 种效果进行演示。

1. 中间值（旧版）

中间值（旧版）主要是通过搜索像素选区的半径范围来查找亮度相近的像素，清除与相邻像素差异太大的像素，并用搜索到的像素中间亮度值替换中心像素，能够使画面变得模糊，常用于消除画面中的水印，其效果如图 6-40 所示。

▲ 图 6-39　杂色与颗粒特效

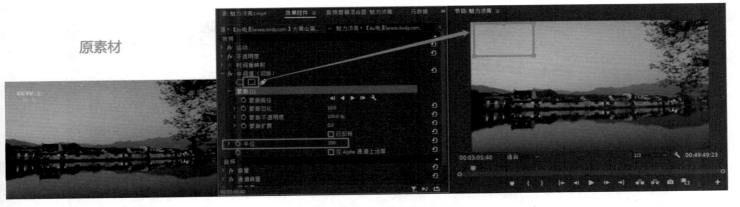

▲ 图 6-40　中间值（旧版）效果对比

2. 蒙尘与划痕

蒙尘与划痕效果与中间值（旧版）效果类似，都可以用来去除污点或者模糊画面，制作类似漫画的风格，其效果如图 6-41 所示。

▲ 图 6-41　蒙尘与划痕效果对比

蒙尘与划痕效果有两个参数：半径和阈值。阈值可以适当减弱模糊效果，通过半径和阈值的组合，便于找到最好的模糊效果。

6.3.6 模糊与锐化特效

模糊特效主要用于柔化图像，通过平衡画面中边缘过于清晰或对比度过于强烈的像素，使其变得柔和，甚至使图像变得朦胧、模糊；锐化特效则与模糊特效相反，通过增加相邻像素的对比度使图像变得清晰。模糊与锐化组特效共有 8 种效果，如图 6-42 所示，下面选择其中的 4 种特效进行演示。

▲ 图 6-42　模糊与锐化特效

1. 相机模糊

相机模糊特效可以产生图像离开相机焦点范围时产生的虚焦效果，通过设置百分比模糊值，设置模糊效果。在具体参数设置时，可以通过设置蒙版，制作部分虚焦的效果，其效果如图 6-43 所示。

▲ 图 6-43　相机模糊效果

2. 通道模糊

通道模糊特效可以选择要模糊的色彩，即对画面中的某种或某些色彩进行模糊，从而产生特殊的效果，设置椭圆形蒙版，其效果如图 6-44 所示。

▲ 图 6-44 通道模糊效果

3. 锐化蒙版

锐化蒙版特效通过定义边缘颜色的对比度，产生边缘遮罩锐化效果，其效果对比如图 6-45 所示。

▲ 图 6-45 锐化蒙版效果对比

锐化蒙版特效的参数含义如下。

数量：用于设置锐化的数量。

半径：用于设置锐化的半径。

阈值：根据指定的阈值转变图像过渡。

4. 锐化

锐化特效通过提高相邻像素的对比度来锐化图像，通过锐化量的参数控制锐化程度，其效果对比如图 6-46 所示。

▲ 图 6-46　锐化效果对比

6.3.7 沉浸式视频特效

沉浸式视频特效是通过虚拟技术生成虚拟环境的视频效果。在时间轴窗口中导入 VR 视频后，需要在节目监视器窗口单击按钮编辑器 ➕，在弹出的按钮编辑器中添加 VR 视频显示按钮 ⛶，如图 6-47 所示。

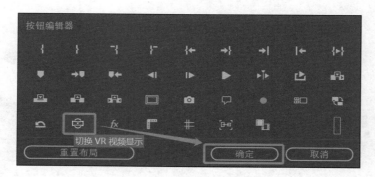

▲ 图 6-47　添加 VR 视频显示按钮

在节目监视器窗口中添加 VR 视频显示按钮后，切换为显示状态，拖动监视器窗口两侧的左右和上下滑块，也可以移动监视器视图图标 ⛶，在监视器窗口中 360° 显示 VR 视频，如图 6-48 所示。

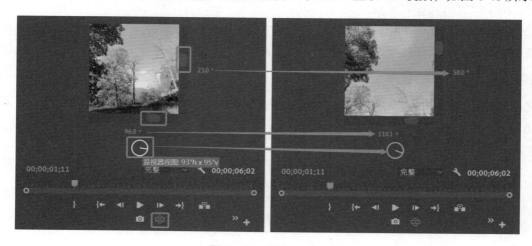

▲ 图 6-48　显示 VR 视频

沉浸式视频特效共有 11 种效果，如图 6-49 所示，下面选择其中的 4 种特效进行演示。

1.VR 发光

VR 发光特效可以通过亮度阈值、发光半径、发光亮度、发光饱和度和色调颜色等参数调整，取得炫目的光效，如图 6-50 所示。

▲ 图 6-50　VR 发光效果

▲ 图 6-49　沉浸式视频特效

2.VR 数字故障

VR 数字故障特效可以通过参数设置，产生类似由于数字故障造成的视觉效果，如图 6-51 所示。

▲ 图 6-51　VR 数字故障效果

3.VR 旋转球面

VR 旋转球面特效通过对 X 轴、Y 轴和 Z 轴的参数调整，可以产生令人意想不到的旋转球面效果，如图 6-52 所示。

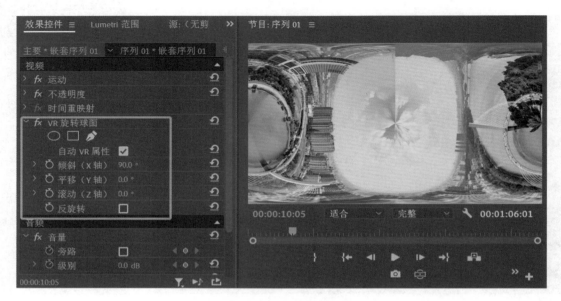

▲ 图 6-52　VR 旋转球面效果

4.VR 颜色渐变

VR 颜色渐变特效通过参数设置，可以产生极致的颜色变化，带来令人惊叹的颜色效果，如图 6-53 所示。

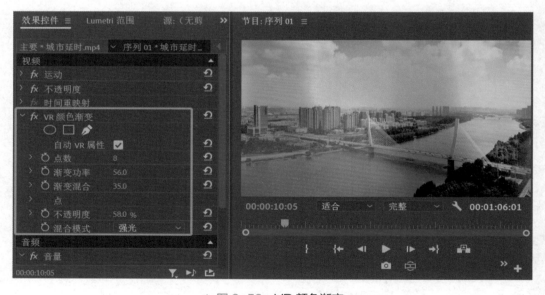

▲ 图 6-53　VR 颜色渐变

6.3.8 生成特效

生成特效主要用于创建生成一些特效的画面效果，该组特效共有 12 种效果，如图 6-54 所示，下面选择其中的 4 种特效进行演示。

1. 单元格图案

单元格图案特效用于在画面中创建类似蜂巢的图案，通过效果中的参数可以设置图案的类型和大小等，如图 6-55 所示。

▲ 图 6-54　生成特效

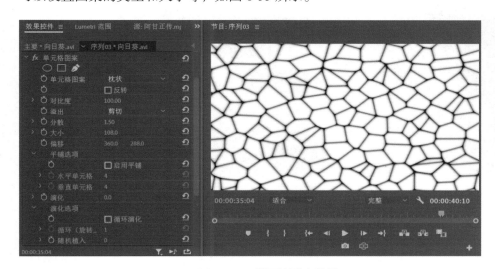

▲ 图 6-55　单元格图案效果

单元格图案效果的参数含义如下。

（1）单元格图案：在下拉列表中可以选择要使用的单元格图案，如图 6-56 所示，其中 HQ 表示高质量图案，这些图案比未标记 HQ 的对应图案有更高的清晰度。

（2）反转：反转单元格图案，黑色区域变为白色，而白色区域变为黑色。

（3）对比度：当使用"气泡""晶体""枕状""混合晶体"或"管状"单元格图案时，用于调整单元格图案的对比度；当使用"静态板"或"晶格化"图案时，用于调整单元格图案的锐度。

（4）溢出：重新映射位于灰度范围 0~255 之外的值，如果选择了基于锐度的单元格图案，则溢出不可用。

（5）分散：设置绘制单元格的随机程度，较低的值将产生更统一或类似网格的单元格图案。

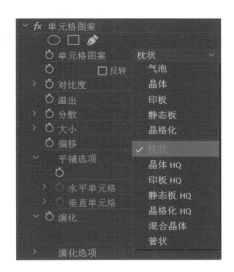

▲ 图 6-56　单元格图案

（6）大小：用于设置单元格的大小。

（7）偏移：确定要使用的单元格图案部分。

（8）平铺选项：选中"启用平铺"复选框，可以创建由重复平铺构成的图案，水平单元格和垂直单元格分别确定每个平铺的宽度和高度各有多少单元格。

（9）演化：设置产生随时间推移的图案变化。

（10）演化选项：提供控件用于一个短周期内的渲染效果，然后在剪辑的持续时间内进行循环。使用这些控件可以将单元格图案元素预渲染到循环中，从而加速渲染。

2. 椭圆

椭圆特效用于在画面中创建一个椭圆形的图形，通过参数可以控制圆环的大小、位置及内外径的颜色，选择"在原始图像上合成"选项，可以使创建的图形叠加在原画面上，如图 6-57 所示。

▲ 图 6-57　椭圆效果

3. 油漆桶

油漆桶特效使用一种颜色填充画面中的某个色彩范围，通过参数设置可以控制填充的颜色和范围，以及填充颜色与原画面的混合模式，如图 6-58 所示。

▲ 图 6-58　油漆桶效果

4. 镜头光晕

镜头光晕特效用于模拟强光折射进画面，产生镜头光晕的效果，通过设置效果中的参数可以设置镜头光晕的位置、亮度和镜头类型等，如图 6-59 所示。

▲ 图 6-59　镜头光晕效果

镜头光晕效果的参数含义如下。

光晕中心：设置光晕产生的位置，可以使用鼠标拖动十字光标移动光晕位置。

光晕亮度：设置光晕亮度的百分比。

镜头类型：在下拉列表中可以选择"50-300 毫米变焦""35 毫米定焦""105 毫米定焦"三种类型。"50-300 毫米变焦"产生模拟太阳光的光晕效果；"35 毫米定焦"只产生强光，没有光晕；"105 毫米定焦"产生比"35 毫米定焦"镜头更强的光。

与原始图像混合：设置光晕与原始图像的混合百分比。

6.3.9 调整特效

调整特效能够调整图像的颜色、亮度和质感，在实际应用中主要用来修复原始素材的偏色或曝光不足等方面的缺陷，也可以为取得特殊效果而改变图像的颜色或调整图像亮度。调整特效共有 5 种效果，如图 6-60 所示，下面选择其中的 3 种效果进行演示。

▲ 图 6-60　调整特效

1.PrcoAmp

PrcoAmp 效果相当于一个综合的颜色调整控制台，可以通过亮度、对比度、色相和饱和度等调整图像的效果，通过拆分屏幕可以将屏幕划分为两个，以拆分百分比设置两个屏幕的大小，如图 6-61 所示。

▲ 图 6-61　PrcoAmp 效果

2. 光照效果

光照效果可以给画面添加一个或多个光照效果，对画面的明暗范围进行调整，一共可以添加 5 个光照效果。光照效果通过参数设置主要控制光照属性，如光照类型、方向、强度、光照颜色、光照中心和光照范围等，如图 6-62 所示。

▲ 图 6-62　光照效果

3. 提取

提取效果可以提取图像中的颜色信息,然后通过设置灰度的范围来控制影像的显示。在"效果控件"面板中,可以通过设置参数取得想要的实际效果,如图 6-63 所示。

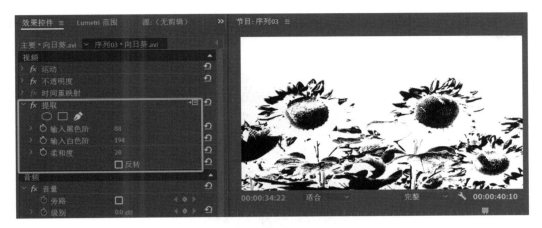

▲ 图 6-63　提取效果

提取效果的参数含义如下。

⊡:设置,单击此选项,弹出"提取设置"对话框,可以直观地看到色阶变化,如图 6-64 所示。

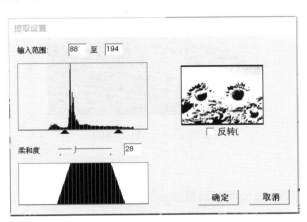

▲ 图 6-64　"提取设置"对话框

在"提取设置"对话框中可以进行参数设置并预览最终效果,其调节的参数如下。

输入范围:输入的数值用于设置当前画面中将被转换为白色或黑色的像素范围,下方的柱状图也可用于直观地显示数值变化。

柔和度:拖动柔化滑块在被转换为白色的像素中添加入灰色,以柔化边缘,在下方的框中可以直观地看到。

反转:选择此项可以实现反转效果。

输入黑色阶:控制图像的黑色输入范围。

输入白色阶:控制图像的白色输入范围。

柔和度:控制灰度图像的柔化程度。

6.3.10 过渡特效

视频效果中的过渡与视频过渡中对应的过渡在表现上比较类似,不同的是前者在自身图像上进行过渡,通过添加关键帧,根据产生的不同形状将上一轨道图像的内容转换成下一轨道图像的内容,而后者是在前后两个素材间进行过渡。过渡特效共有 5 种效果,如图 6-65 所示,下面选择其中的 3 种特效进行演示。

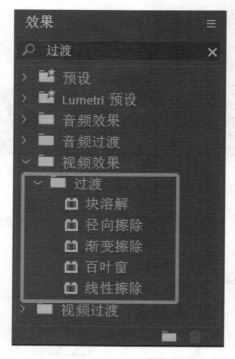

▲ 图 6-65　过渡特效

1. 径向擦除

径向擦除特效能使当前层图像按照顺时针或者逆时针旋转的方式,擦除当前图像的内容,转换成下一轨道图像的内容,其关键帧设置及效果如图 6-66 所示。

▲ 图 6-66　径向擦除关键帧设置及效果

2. 渐变擦除

渐变擦除特效能使上面的图像产生渐变效果，随后逐渐擦除上面轨道的图像，最后转换成下面轨道图像的内容，其关键帧设置及效果如图 6-67 所示。

▲ 图 6-67　渐变擦除关键帧设置及效果

3. 线性擦除

线性擦除特效能使当前层图像以一条直线的方式，从一侧移动到另外一侧，从而擦除当前内容，转换成下一层图像的内容，其关键帧设置及效果如图 6-68 所示。

▲ 图 6-68　线性擦除关键帧设置及效果

线性擦除效果的参数含义如下。

过渡完成：设置过渡完成的程度，可以通过关键帧设置，控制过渡完成程度。

擦除角度：设置过渡擦除的角度。

羽化：设置擦除边缘的羽化值。

6.3.11 透视特效

透视特效主要用于增加画面的深度，从而产生立体效果，共包括 5 种特效，如图 6-69 所示，这里选择其中的 3 种效果进行演示介绍。

▲ 图 6-69　透视特效

1. 基本 3D

　　基本 3D 效果可以在一个虚拟的三维空间中操作图像，通过关键帧设置，不仅可以在虚拟空间中产生绕水平轴或垂直轴转动的效果，还可以产生图像运动的移动效果。用户还可以在图像上增加反光，产生更加逼真的效果，如图 6-70 所示。

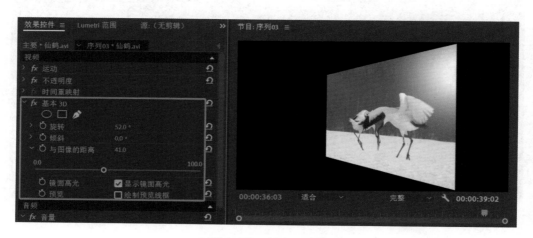

▲ 图 6-70　基本 3D 效果

基本 3D 效果的参数含义如下。

旋转：设置水平旋转的角度。

倾斜：设置垂直旋转的角度。

与图像的距离：设置图像移近或者移远的距离。

镜面高光：勾选"显示镜面高光"复选框，可以加入光源，在图像中显示高光。

预览：勾选"绘制预览线框"复选框，在对图像进行操作时，图像以线框的形式显示，加快预览速度。

2. 投影

投影特效为素材添加投影效果，通过参数设置，调整投影的实际效果，如图 6-71 所示。

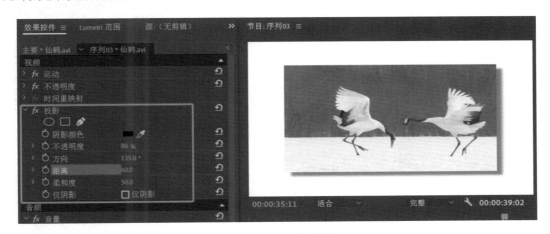

▲ 图 6-71　投影效果

投影效果的参数含义如下。

投影颜色：通过拾色器或者吸管工具，设置投影的颜色。

不透明度：设置阴影的不透明度百分比。

方向：设置投影的投射方向。

距离：设置投影与画面的相对距离位置。

柔和度：设置投影的柔化程度。

仅阴影：勾选"仅阴影"复选框，只显示阴影部分，不显示图像。

3. 边缘斜面

边缘斜面特效可以对图像的边界进行斜角处理，从而产生一个三维立体效果。图像的倒角边界是矩形形状的，同时可以利用灯光对边界进行设置，其效果如图 6-72 所示。

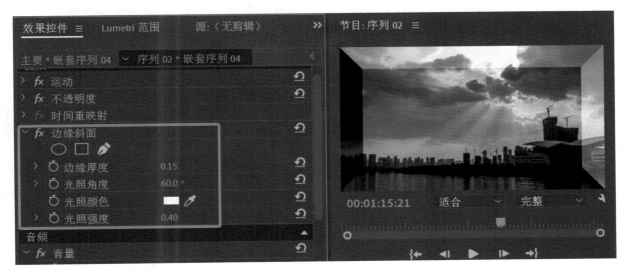

▲ 图 6-72　边缘斜面效果

边缘斜面效果的参数含义如下。

边界厚度：设置矩形边界厚度。

光照角度：设置灯光的角度。

光照颜色：设置灯光的颜色。

光照强度：设置灯光的强度。

6.3.12 通道特效

通道特效主要是利用图像通道的转换与插入等方式，对画面的通道进行处理，从而制作出特殊的视频效果，其中共有 7 种效果，如图 6-73 所示，这里选择其中的 2 种效果进行演示。

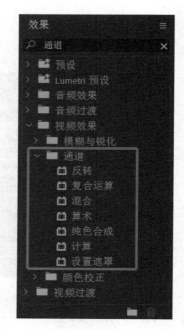

▲ 图 6-73　通道特效

1. 混合

混合特效是对两条轨道上的素材进行通道混合，利用不同的混合模式，从而产生特殊的效果，其效果如图 6-74 所示。

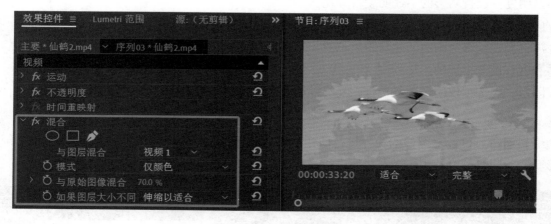

▲ 图 6-74　混合效果

混合效果的参数含义如下。

与图层混合：在下拉列表中可以选择要混合的图层。

模式：用于设置当前图层与参考图层的混合模式，包括"交叉淡化""仅颜色""仅色彩""仅变暗""仅变亮" 4 种混合模式。

与原始图像混合：控制效果在原始素材上的混合程度，即效果的透明度。

如果图层大小不同：如果参考层与当前层的尺寸不一致，可选择"居中"或者"伸缩以适应"的方式。

2. 算术

算术特效是利用不同的计算方式改变图像的 RGB 通道，以达到特殊的颜色效果，如图 6-75 所示。

▲ 图 6-75　算术效果对比

算术效果的参数含义如下。

运算符：在下拉列表中可以选择不同的算法，如图 6-76 所示。

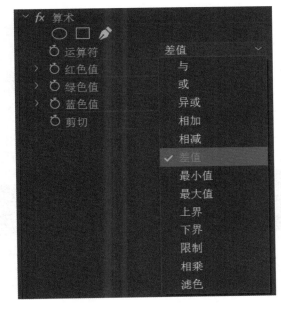

▲ 图 6-76　运算符

红色值：设置算术中红色通道数值。

绿色值：设置算术中绿色通道数值。

蓝色值：设置算术中蓝色通道数值。

剪切：勾选"剪切结果值"复选框，用来防止设置的颜色值超出所有功能函数项的限定范围。

6.3.13 风格化特效

风格化特效用于创建各种画派的作品风格，该特效共有 13 种不同效果，如图 6-77 所示，这里选择其中的 4 种效果进行演示介绍。

1.Alpha 发光

Alpha 发光效果只对含有 Alpha 通道的素材起作用，在通道的边缘部分产生一圈渐变的辉光效果，如图 6-78 所示。

▲ 图 6-77　风格化特效

源素材

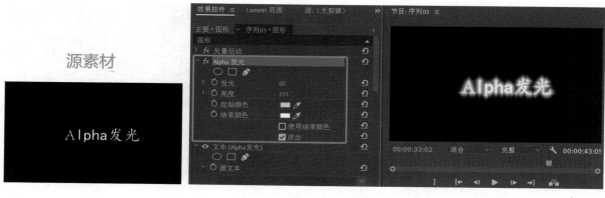

▲ 图 6-78　Alpha 发光效果

2. 查找边缘

查找边缘特效用于对图像的边缘线条进行勾勒，使图像看起来类似于铅笔勾描的素描线条，其效果如图 6-79 所示。

▲ 图 6-79　查找边缘效果

3. 彩色浮雕

彩色浮雕特效用于生成彩色的浮雕效果，画面颜色对比越强烈，浮雕效果越明显，其效果如图 6-80 所示。

▲ 图 6-80　彩色浮雕效果

彩色浮雕效果的参数含义如下。

方向：设置浮雕产生的方向。

起伏：设置浮雕的起伏高度。

对比度：设置浮雕的明暗对比度。

与原始图像混合：设置与源图像混合的百分比。

4. 纹理

纹理特效可以改变一个素材的材质效果，如图 6-81 所示。

▲ 图 6-81　纹理效果

纹理效果的参数含义如下。

纹理图层：在下拉列表中选择作为纹理图层的视频轨道。

光照方向：设置纹理的光照方向。

纹理对比度：设置纹理的明暗对比度。

纹理位置：在下拉列表中选择置入纹理的类型。

6.4　视频特效实例——手写字

步骤 1：新建一个项目文件，命名为"手写字"，暂存盘选择"与项目相同"。

步骤 2：单击菜单"文件"→"新建"→"序列"，在"新建序列"对话框中"序列预设"选项中选择"HDV"→"HDV 1080p25"，单击"确定"，新建"序列 01"，如图 6-82 所示。

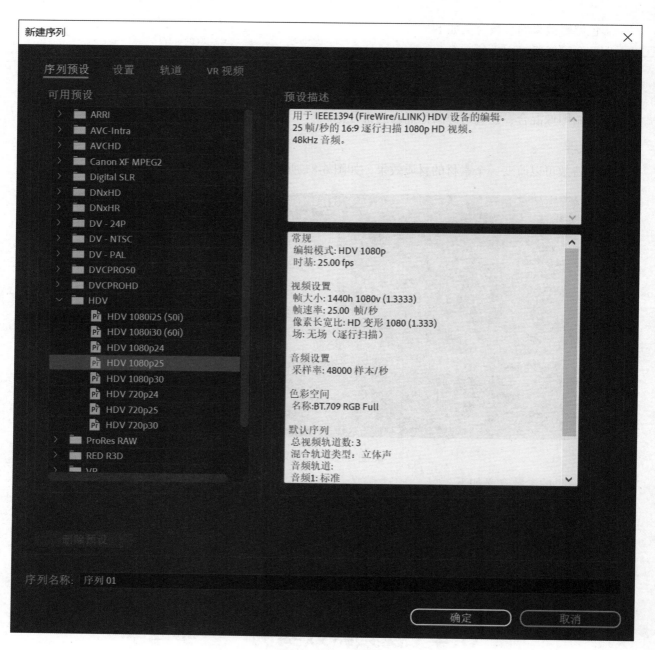

▲ 图 6-82　新建序列

步骤 3：在"项目"面板的空白区域双击，选择"背景 .jpg"素材和"文字 .jpg"素材导入，直接拖动素材到时间轴窗口"序列 01"的 V1 和 V2 视频轨道上，选择"背景 .jpg"，单击鼠标右键选择"缩放为帧大小"，如图 6-83 所示。

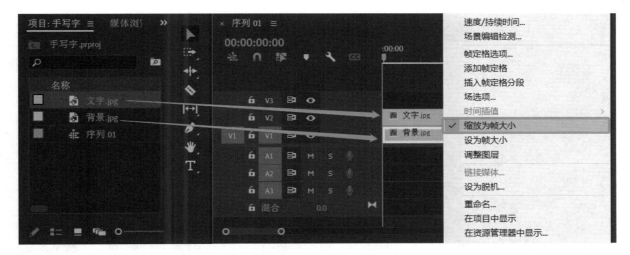

▲ 图 6-83 选择缩放帧大小

步骤 4：展开"效果控件"面板的"运动"属性，取消勾选"等比缩放"，设置"缩放高度"参数为"153.0"，"缩放宽度"参数为"120.0"，使背景充满整个屏幕画面，如图 6-84 所示。

▲ 图 6-84 设置缩放参数

步骤 5：单击位置前面的 切换动画图标，设置 X 轴位置关键帧，开始位置背景素材左对齐，结束位置背景素材右对齐，制作背景素材从右向左的运动动画，如图 6-85 所示。

▲ 图 6-85　设置运动位置关键帧

步骤 6：选择时间轴窗口"序列 01"中"文字 .jpg"素材，展开"效果控件"面板的"运动"属性，设置"缩放"为"145.0"，展开"效果控件"面板的"不透明度"属性，单击"混合模式"的下拉列表，选择"相乘"模式，去掉白背景，如图 6-86 所示。

▲ 图 6-86　设置混合模式

步骤 7：打开"效果"面板，在搜索框中输入"书写"，选择"书写"特效，直接拖动到"文字"素材所在的 V2 视频轨道，如图 6-87 所示。

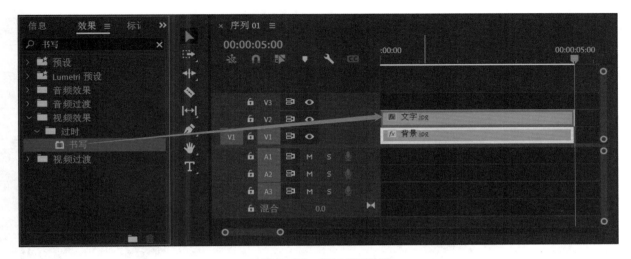

▲ 图 6-87　添加书写效果

步骤 8：展开"效果控件"面板，打开"书写"特效，对画笔位置设置关键帧，将关键帧位置移动到文字开始的位置，精确掌握控制点位置，"节目监视器"面板显示设置为"75%"，选择"回放分辨率"为"1/4"，为了看得更清楚一些，将"颜色"设置为"红色"，把"画笔大小"设置为"15.0"，一定要注意，文字中所有的笔画都要被红色覆盖掉才可以，如果没有被覆盖掉，增大画笔大小，直至被红色完全覆盖，如图 6-88 所示。

▲ 图 6-88　修改书写参数

步骤 9：将时间指针向后移，根据文字的笔画移动控制点，添加下一个关键帧，如图 6-89 所示。

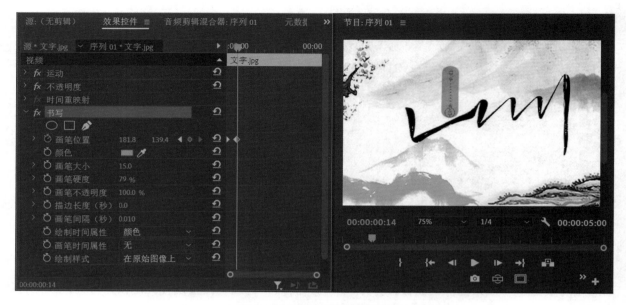

▲ 图 6-89　设置画笔位置关键帧

步骤 10：沿着文字的笔画，对画笔位置依次添加关键帧，因为设置太多关键帧，所以系统运算会比较慢，直至所有的笔画都设定完关键帧，如图 6-90 所示。

▲ 图 6-90　完成画笔位置关键帧

步骤 11：选择"绘制样式"，展开下拉列表，选择"显示原始图像"，可以在"节目监视器"面板中预览到实际效果，如图 6-91 所示。

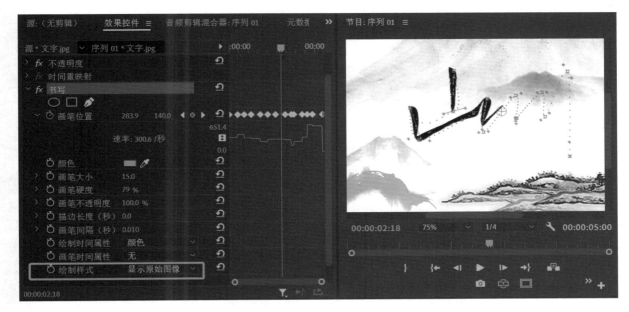

▲ 图 6-91　设置绘制样式

步骤 12：时间轴窗口上方的标尺位置已经出现红色过载标志，单击菜单"序列"→"渲染入点到出点的效果"，显示渲染进度条，渲染结束后时间轴的红色区域就会变成绿色，如图 6-92 所示。

▲ 图 6-92　渲染

步骤 13：单击"节目监视器"面板的播放按钮，就能够预览到手写字的实际效果，如图 6-93 所示。

▲ 图 6-93　预览效果

第 7 章

键控特效

7.1 键控基础知识
7.2 键控实现效果

| 知识目标 |

（1）了解键控特效的概念及作用。

（2）掌握拍摄键控画面需要注意的事项。

（3）了解键控的基本分类及功能。

| 能力目标 |

（1）熟练掌握键控技术的参数调整。

（2）灵活运用键控技术完成特效操作。

| 素质目标 |

通过键控技术的学习，理解想象力比知识更重要的道理，激发丰富的想象力和无穷的创作力，培养创新精神和奉献精神。

| 本章概述 |

　　键控技术就是我们常说的"抠像"，是影视后期制作中被广泛采用的技术手段，主要用于制作一些在实际拍摄中不可能完成或很难完成的镜头效果。键控技术在影视制作领域的应用非常广泛，比如魔幻世界和空战场面等都可以通过键控技术实现。

　　本章主要讲解视频特效中键控特效的应用，键控特效的分类，以及具体的键控类型，通过对键控类型参数含义的了解，掌握使用键控特效制作影视效果。键控技术能够完成在现实中很难实现的镜头效果，能够为视频画面带来强大的视觉冲击力，因此掌握键控特效的功能，灵活运用键控特效制作各种魔幻、炫酷的效果是本章的重点。

| 案例导入 |

　　86 版电视剧《西游记》可能是中国最具群众基础的一部电视剧，称得上是"国民剧"，承载了几代人的童年记忆。孙悟空疾恶如仇、古道热肠、铁肩担道义，他的形象不但满足了孩子们的好奇心与想象力，也承载着中国人的是非观与英雄观。《西游记》建构出一个庞大的、神奇绚丽的神话世界，腾云驾雾，一个筋斗十万八千里，上天入地伏妖降魔，这些剧中效果的实现，都离不开数字视频编辑中的键控技术。键控技术是很多类型影片的标配，丰富的想象力借助科学技术呈现出强烈的视觉效果。从"北冥有鱼，其名为鲲。鲲之大，不知其几千里也"到"如意金箍棒，一万三千五百斤"，在中国的土地上，想象力一直纵横驰骋，未来也一定会飞得更高更远。

7.1 键控基础知识

7.1.1 键控特效

键控特效是在两个素材之间产生叠加的效果，是视频特效中一组常见而且重要的特效。叠加效果是将素材的一部分叠加到另一个素材上，因此作为前景的素材最好只有一种单一的底色，并且与需要保留的部分形成鲜明的对比，这样很容易将底色变为透明，再叠加到作为背景的素材上，使两者之间形成一种混合效果，如图 7-1 所示。

▲ 图 7-1　蓝屏抠像

演员或主持人通常在绿色或蓝色的背景前表演，完成前期拍摄。在后期编辑过程中，键控必须有两个叠加的画面，去掉上层画面中的某些颜色或区域，比如背景中的蓝色或绿色，使其变成透明，从而露出下层背景画面的内容，这就是键控。键控并非只有蓝色或绿色两种颜色，可以是单一的、比较纯的颜色，但一定要与演员的服装、皮肤的颜色反差越大越好，这样键控比较容易实现。

为了把前期拍摄的素材和其他背景自然地融为一体，还需要前期拍摄的配合。对拍摄的场景、灯光和摄像机等都有比较高的要求，才能在后期抠像的时候相对比较精准。因此，拍摄键控用的蓝色或绿色画面需要注意以下问题。

（1）作为背景的蓝色或绿色，色彩要保持干净均匀。

（2）照明条件良好，尤其是有运动镜头时，灯光要调整到较好的效果。

（3）演员的服装、道具尽量不要选择有蓝色或绿色的。

（4）演员和蓝色或绿色背景之间要保持一定的距离，尽量减少反射到演员身上的环境色。

（5）运动的物体容易出现虚化，影响后期抠像的效果，拍摄时尽量保证清晰度。

（6）拍摄时尽量选用高清设备，视频最好以分量格式拍摄。

7.1.2 键控效果分类

Premiere Pro CC 中实现键控的效果都在"效果"面板 → "视频效果" → "键控"文件夹中，包含了 Alpha 调整、亮度键、图像遮罩键、差值遮罩、移除遮罩、超级键、轨道遮罩键、非红色键和颜色键等效果，如图 7-2 所示。

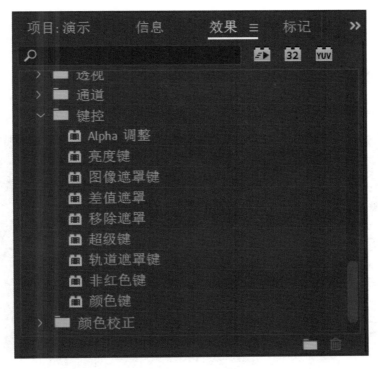

▲ 图 7-2　键控类型

在 Premiere Pro CC 的键控效果中，包含有 4 种基本的键控类型。

（1）Alpha 通道：包括 Alpha 调整的键控效果。Alpha 通道在图像中是不可见的灰度通道，可以把黑色图像分离出来变成透明，白色部分为不透明，而其他灰度部分则为半透明。Premiere Pro CC 的键控效果中主要是 Alpha 调整特效，该特效主要用于调节 Alpha 通道的透明度，使当前图层与其下面图层产生不同的叠加效果。

（2）亮度键控：包括亮度键。亮度键控是按照画面中的亮度值创建透明部分，屏幕上亮度越低的像素越透明，该效果主要用于对背景与保留对象明暗对比度强烈的素材进行抠像。

（3）蒙版键控：包括图像遮罩键、轨道遮罩键等。图像遮罩与轨道遮罩的工作原理相同，都是利用指定的黑白遮罩，对当前透明区域对象进行设置，白色的区域不透明，显示当前信息，黑色的区域透明，显示背景信息，灰度部分则为半透明，显示混合背景和当前的图像。

（4）色彩键控：包括超级键、非红键和颜色键等。这 3 种特效都可以对画面中某一种颜色或者颜色区域设置透明，从而使得背景在这些区域当中显示出来，一般选择蓝色或者绿色作为键控色。

7.2 键控实现效果

7.2.1 Alpha 调整

对素材应用 Alpha 调整效果时，"效果控件"面板的参数如图 7-3 所示。

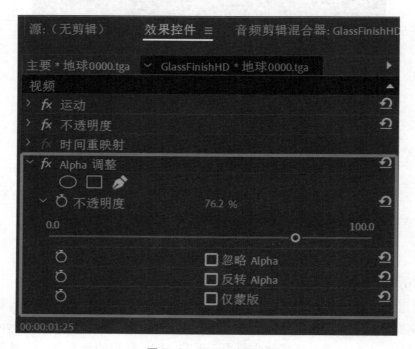

▲ 图 7-3 Alpha 调整参数

Alpha 调整的参数含义如下。

（1）不透明度：设置当前图层的不透明度。

（2）忽略 Alpha：忽略当前图层的 Alpha 通道信息。

（3）反转 Alpha：反转 Alpha 通道信息，使原来不透明的部分变为透明显示，透明的部分变为不透明显示。

（4）仅蒙板：将当前图层作为蒙板使用。

通过调整"效果控件"面板中的不透明度，可以修改叠加的效果，如图 7-4 所示。

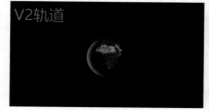

▲ 图 7-4 Alpha 调整效果

7.2.2 亮度键

亮度键效果在对明暗对比强烈的图像进行画面叠加时非常实用，对素材应用亮度键时，"效果控件"面板的参数如图 7-5 所示。

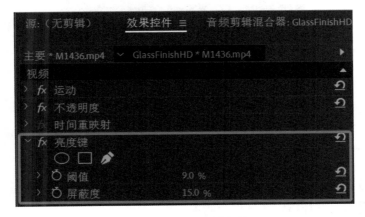

▲ 图 7-5　亮度键参数

亮度键的参数含义如下。

（1）阈值：设置指定视频范围中较暗的部分，较高的值会增加不透明度的范围。

（2）屏蔽度：设置由阈值指定区域的不透明度，较高的值会增加不透明度。

通过调整"效果控件"面板中的"阈值"（设置为 9%）与"屏蔽度"（设置为 15%），可以抠出图像中指定的亮度范围，如图 7-6 所示。

▲ 图 7-6　亮度键效果

7.2.3 图像遮罩键

图像遮罩键效果需要使用一张指定的图像作为遮罩，遮罩是一个轮廓，为对象定义遮罩后，将通过遮罩的亮度值抠出一个透明区域，在该区域显示背景素材信息。遮罩中白色区域不透明，显示当前信息，黑色区域透明，显示背景素材，灰度部分则为半透明，显示混合背景和当前图像。对素材应用图像遮罩键时，"效果控件"面板的参数如图 7-7 所示。

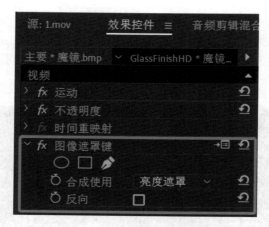

▲ 图 7-7　图像遮罩键参数

图像遮罩键的参数含义如下。

（1）▣▣：单击▣▣，选择指定图像作为遮罩。

（2）合成使用：选择亮度遮罩或 Alpha 遮罩，如果遮罩为黑白影像，选择亮度遮罩；如果遮罩带有 Alpha 通道，则选择 Alpha 遮罩。

（3）反向：反转透明区域与不透明区域的显示。

具体操作时，通过▣▣按钮选择指定图像作为遮罩，单击"打开（O）"，如图 7-8 所示。

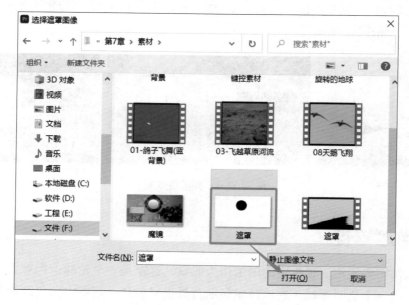

▲ 图 7-8　选择遮罩图像

"合成使用"选择"亮度遮罩"，可以将遮罩中的白色区域显示为当前画面，黑色区域显示为背景画面，如图 7-9 所示。

▲ 图 7-9　图像遮罩键效果

7.2.4 差值遮罩

使用差值遮罩效果创建不透明度的方法是将源素材和差值素材进行比较，然后在源素材中抠出与差值素材中相同的像素。具体操作时，可以将差值素材放置在最上层的轨道上，同时关闭差值素材的"眼睛"显示，如图 7-10 所示。

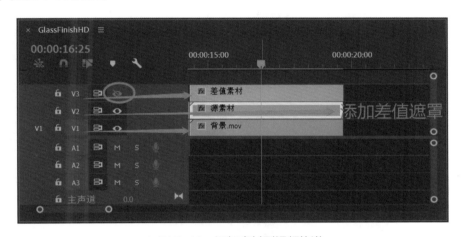

▲ 图 7-10　添加素材到视频轨道

对源素材应用"差值遮罩"时，"效果控件"面板的参数如图 7-11 所示。

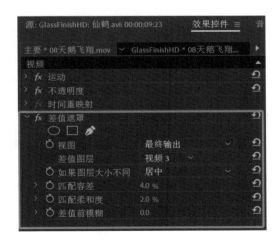

▲ 图 7-11　差值遮罩参数

差值遮罩的参数含义如下。

（1）视图：根据需要选择视图方式，包括最终输出、仅限源和仅限遮罩三种视图方式。

（2）差值图层：选择差值素材所在的图层轨道。

（3）如果图层大小不同：选择居中或者伸缩以适合图层大小。

（4）匹配容差：设置源素材与差值素材进行比较时的匹配容差百分比。

（5）匹配柔和度：设置匹配柔和度的百分比。

（6）差值前模糊：设置差值前的模糊值。

具体操作时，调整视频轨道 V2 中"效果控件"面板的"差值遮罩"参数，设置"视图"为"最终输出"，差值图层为"视频 3"，根据源素材与差值素材进行比较时的差值效果，调整"匹配容差"为"4.0%"，"匹配柔和度"为"2.0%"，"差值前模糊值"为"0.0"，效果如图 7-12 所示。

▲ 图 7-12　差值遮罩效果

7.2.5 移除遮罩

移除遮罩效果用于从素材中移除颜色底纹，可以将图像应用遮罩后产生的白色区域或者黑色区域移除，尤其是将 Alpha 通道与独立文件中的填充纹理结合时，效果最佳。移除遮罩效果应用到素材后，"效果控件"面板中的参数只有白色和黑色两种遮罩类型，如图 7-13 所示。

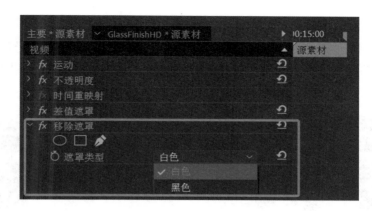

▲ 图 7-13　移除遮罩参数

7.2.6 超级键

超级键主要是将素材中的某一种颜色及其相似的颜色范围键出，使其成为透明区域，与下层轨道的素材进行叠加。将超级键应用到素材后，"效果控件"面板的参数如图 7-14 所示。

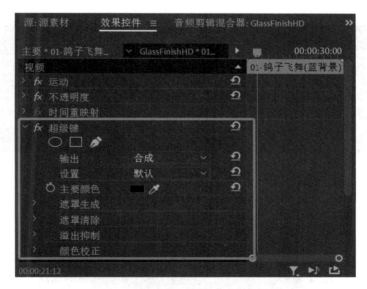

▲ 图 7-14　超级键参数

超级键的参数含义如下。

（1）输出：根据需要选择输出方式，包括合成、Alpha 通道和颜色通道三种输出方式。

（2）设置：设置抠像类型，包括默认、弱效、强效和自定义四个选项。

（3）主要颜色：设置需要键出的颜色，可以通过拾色器，也可以通过"吸管"拾取画面中的颜色。

（4）遮罩生成：调整遮罩产生的属性参数，包括透明度、高光、阴影、容差和基值等参数。

（5）遮罩清除：调整抑制遮罩的属性参数，包括抑制、柔滑、对比度和中间点等参数。

（6）溢出抑制：调整对溢出色彩的抑制，包括降低饱和度、范围、溢出和亮度等参数。

（7）颜色校正：调整图像的色彩，与背景素材融合一致，包括饱和度、色相和明亮度等参数。

具体操作时，用"吸管"工具吸取画面中需要键出的颜色，一般拍摄素材时，采用蓝色或者绿色作为背景色，但超级键不局限于这两种颜色，只要是单一的纯色，都可以作为键出的主要颜色。通过设置参数，取得最佳的键出效果，使某一颜色或者相近颜色范围变为透明，与下层素材叠加显示，具体效果如图 7-15 所示。

▲ 图 7-15　超级键效果

7.2.7 轨道遮罩键

轨道遮罩键与图像遮罩键的工作原理相同，都是利用指定遮罩对当前透明区域对象进行设置，是应用比较频繁的一个特效，具体操作时，需要将遮罩文件放置在最上层的轨道上，如图 7-16 所示。

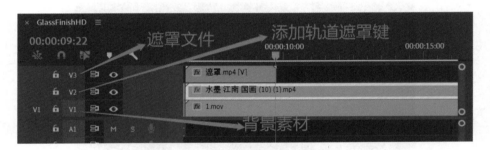

▲ 图 7-16　添加素材到视频轨道

为视频轨道 V2 的素材添加"轨道遮罩键"，"效果控件"面板的参数如图 7-17 所示。

▲ 图 7-17　轨道遮罩键参数

轨道遮罩键的参数含义如下。

（1）遮罩：选择遮罩所在的视频轨道。

（2）合成方式：选择 Alpha 遮罩或者亮度遮罩，如果遮罩为黑白影像，选择亮度遮罩；如果遮罩带有 Alpha 通道，则选择 Alpha 遮罩。

调整视频轨道 V2 中"效果控件"面板的轨道遮罩键参数，设置"遮罩"为"视频 3"，合成方式选择"亮度遮罩"，可以将遮罩中的白色区域显示为当前画面，黑色区域显示为背景画面，如图 7-18 所示。

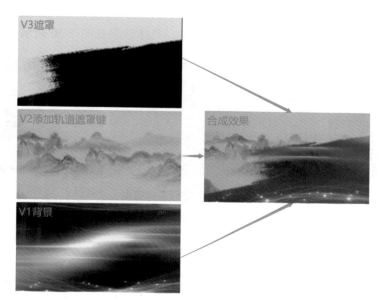

▲ 图 7-18　轨道遮罩键效果

7.2.8 非红色键

非红色键效果主要用于在纯蓝色或者纯绿色背景的画面上创建透明区域。创建透明区域时，图像中的蓝色或者绿色被抠掉，变为透明，露出背景的画面内容。将非红色键应用到素材后，"效果控件"面板的参数如图 7-19 所示。

▲ 图 7-19　非红色键参数

非红色键的参数含义如下。

（1）阈值：调整素材中的透明度区域。

（2）屏蔽度：调整素材中的不透明区域，设置图像被键控的中止位置，一般情况下，屏蔽度要小于阈值。

（3）去边：去除键控后边缘残留的蓝色或者绿色。

（4）平滑：通过混合像素平滑边缘，包括无、低和高三个选项。

（5）仅蒙版：勾选后显示素材的黑白蒙版通道。

具体操作时，调整参数设置，"阈值"设置为"56.0%"，"屏蔽度"设置为"33.0%"，"去边"选择"蓝色"，"平滑"设置为"高"，取得最佳键控效果，具体效果如图 7-20 所示。

▲ 图 7-20　非红色键效果

7.2.9 颜色键

颜色键用于键出指定的主要颜色和相近颜色，实现此颜色范围区域透明，从而使得背景在这些区域显示出来。将颜色键应用到素材后，"效果控件"面板的参数如图 7-21 所示。

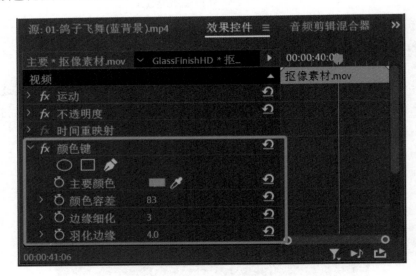

▲ 图 7-21　颜色键参数

颜色键的参数含义如下。

（1）主要颜色：设置需要键出的颜色，可以通过"拾色器"，也可以通过"吸管"拾取画面中的颜色。

（2）颜色容差：设置键出颜色的容差范围。

（3）边缘细化：设置键控边缘的细化值，去除边缘残留的颜色。

（4）羽化边缘：设置边缘羽化值，处理由于细化而造成的边缘锐化。

具体操作时，调整参数设置，"主要颜色"通过"吸管"拾取画面中的"绿色"，"颜色容差"设置为"83"，"边缘细化"设置为"3"，"羽化边缘"设置为"4.0"，取得最佳键控效果，具体效果如图 7-22 所示。

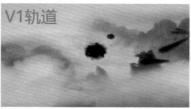

▲ 图 7-22　颜色键效果

技术小贴士

　　差值遮罩效果通常用于抠出移动物体后面的静态背景，然后放在不同的背景上。因此，差值素材通常是同机位拍摄的含有背景素材的帧，而没有任何移动物体。差值遮罩效果适用于固定机位和静态背景拍摄的场景。

第 8 章

调色特效

| 知识目标 |

（1）了解两种基本的色彩模式——HSB、RGB
（2）理解色相、亮度和饱和度等色彩术语的含义
（3）理解 Lumetri color 调色参数的含义

| 能力目标 |

（1）熟练掌握常用的颜色校正特效
（2）灵活运用 Lumetri color 调色技巧完成调色案例操作

| 素质目标 |

通过调色特效的学习，掌握色彩运用的方法，理解色彩带给人们的视觉感受，做到在调色中活学活用，培养审美能力，提升的审美意识。

| 本章概述 |

色彩是能引起人们审美愉悦的形式要素之一，色彩的性质直接影响着人们的感情变化，一部影视作品的色彩更能够带给人们不同的视觉感受。当用户在使用 Premiere Pro CC 调整颜色时，有必要对色彩的基础知识做一些简单的了解，这样可以帮助用户更好地进行后期调色。在具体讲解调色特效之前，首先要掌握基本的色彩知识，这是调色的基础。

本章主要讲解关于数字影像色彩方面的基础知识，常用的颜色校正特效及参数调整，Lumetri color 的调色技巧及调色案例。调色是一个非常细致的工作，需要用户耐心地一点点进行调节，因此在影视创作过程中，掌握影像色彩的校正和调整，灵活运用参数调节，不仅能让画面变得好看，而且能够感悟到影片的感情色彩。

| 案例导入 |

电影《卧虎藏龙》讲述了一个中国传统的武侠故事，不仅让人们见识到了中国武侠的魅力，更是将翠竹山水所蕴含的传统美学意境传递到世界各地。尤其是竹林中的武打设计，更为观众制造了一场具有浓郁"中国风"的传统武侠视觉盛宴，竹子由内而外呈现出绵绵不息的柔韧使得武打场面充满诗意和美感的张力，画面的构图、色彩、造型及剪辑的节奏，向观众传达出一种极富美感的意境。灰色的北京古城、红黄色的新疆戈壁、绿色的竹林、黑色的古窑，色彩斑斓的背景色彩，勾勒出了一个江湖世界，通过色彩的写实与写意，向世界展示了中国博大精深的文化内涵。

卧虎藏龙

CROUCHING TIGER HIDDEN DRAGON

8.1 色彩基础知识

8.1.1 色彩三要素

色彩由色相、饱和度和明度三个基本要素组成，下面介绍色彩三要素的基本特点。

1. 色相

色相是色彩的一种最基本的感觉属性，这种属性可以将光谱上的不同部分区分开，按照红、橙、黄、绿、青、蓝、紫等色彩感觉区分色谱段，如果缺失了这种感觉属性，就如同盲人的世界。根据有无色相属性，可以将色彩感觉分成两大体系。

1）有彩色系

有彩色系是指红、橙、黄、绿、青、蓝、紫等颜色，不同明度和纯度的红、橙、黄、绿、青、蓝、紫色调都属于有色系，如图 8-1 所示。有彩色系是由光的波长和振幅决定的，波长决定色相，振幅决定色调，有彩色系均具有色相、饱和度和明度三个基本要素。

▲ 图 8-1　有彩色系

2）无彩色系

无彩色系是指白色、黑色和由白色黑色调和形成的各种深浅不同的灰色系，即不具备色相属性的色觉。无彩色系按照一定的变化规律，可以排成一个系列，由白色渐变到浅灰、中灰、深灰到黑色，色度学上称此为黑白系列，无彩色系的颜色只有明度一种基本属性，如图 8-2 所示。

▲ 图 8-2　无彩色系

在太阳光的作用下，大自然的色彩变化是丰富多彩的。人们在丰富的色彩变化当中，逐渐认识和了解了颜色之间的相互关系，并根据它们各自的特点和性质，总结出色彩的变化规律，并把颜色概括为原色、间色和复色三大类，如图 8-3 所示。

（1）原色即红、黄、蓝三种基本颜色。自然界中的色彩种类繁多，变化丰富，但这三种颜色却是最基本的原色，把原色相互混合可以调和出其他颜色。

（2）间色又叫二次色，它是由三原色调配出来的颜色，红与黄调配出橙色，黄与蓝调配出绿色，红与蓝调配出紫色。在调配时，由于原色在份量上多少有所不同，所以能产生丰富的间色变化。

（3）复色也叫复合色，复色是由原色与间色相调或用间色与间色相调而成的三次色。复色是最丰富的色彩体系，色彩家族千变万化，丰富多彩，复色包括除原色和间色以外的所有颜色。

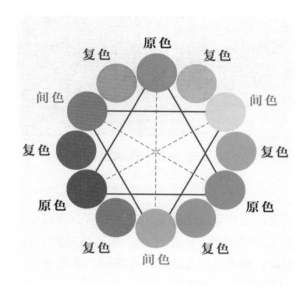

▲ 图 8-3　原色、间色、复色

2. 饱和度

饱和度是指色彩的纯度，是人们在视觉上对色相属性鲜艳程度的评判。有彩色系的色彩，其鲜艳程度与饱和度成正比，颜色越浓艳，饱和度也越高。高饱和度会给人一种艳丽的感觉，如图 8-4 所示；低饱和度会给人一种灰暗的感觉，如图 8-5 所示。

▲ 图 8-4　高饱和度

▲ 图 8-5 低饱和度

3. 明度

明度是眼睛对光源和物体表面明暗程度的感觉，是人们区分明暗层次的视觉属性，这种明暗层次决定亮度的强弱及光刺激能量水平的高低。一般来说，光线越强看上去越亮；光线越弱看上去越暗。对于有色系来讲，即使色相相同，明度不同，也能产生不同的颜色感觉。无色系只有明度属性，不同的明度，可产生黑白灰的不同层次感觉，如图 8-6 所示。

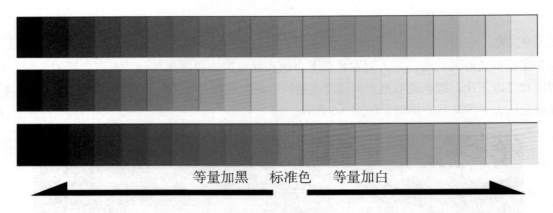

等量加黑　标准色　等量加白

▲ 图 8-6 明度变化

8.1.2 色彩模式

色彩模式就是表示颜色的方法，在软件中表示颜色的方法有很多种，比如 RGB、CMYK、HSB、Lab 等。数字视频影像的色彩模式，主要是 RGB 色彩模式和 HSB 色彩模式。

1.RGB 色彩模式

在影视作品的实际拍摄及编辑过程中，尽管每一幅画面内部都可能包含成千上万的不同色彩，但由于红、绿、蓝三色刺激人眼三种感色单元，产生不同的色觉，因此，我们把红、绿、蓝称为影视色彩中的三基色。如果色彩深度是 8 Bit，三基色中每一个像素在每种颜色上都包含 2^8（即 256 色）种亮度级别，这也就是我们常说的 8 位图的由来。三种基色的混合比例决定着混合色的色调和色饱和度，因此，RGB 色彩模式中每一种基色在一幅图像中都可以产生 256 种不同的色调，即 256*256*256≈1670 万种颜色，在理论上就可以还原自然界中所存在的任何颜色，虽然这个数字还远不及自然界中的颜色数量，但是由于人的眼睛能够分辨的数量是有限的，这个数量已经足够多。

在影像的拍摄和后期处理过程中，一般都把视觉色彩模式设为 RGB 色彩模式，如图 8-7 所示。RGB 色彩模式通过调节红、绿、蓝三基色通道的数值，来调整色彩的色调和色饱和度，其三基色的取值范围在 0~255 之间，当值都为 255 时，其亮度级别最高，图像显示为白色；反之，当值都为 0 时，其亮度级别最低，图像显示为黑色。

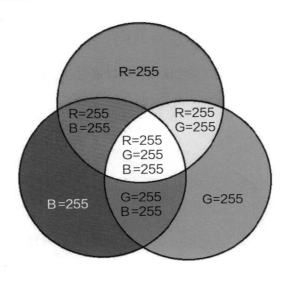

▲ 图 8-7　RGB 色彩模式

2.HSB 色彩模式

影视色彩中除常见的 RGB 色彩模式外，还有设计软件中常用的 HSB 色彩模式，如图 8-8 所示。

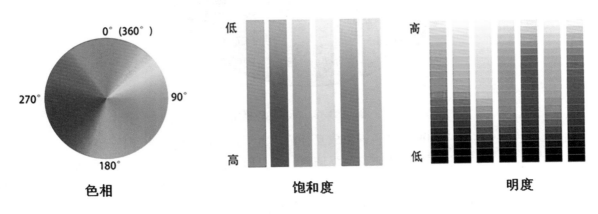

▲ 图 8-8　HSB 色彩模式

HSB 色彩模式是根据日常生活中人眼的视觉特性而制定的，这种色彩模式基于大脑对色彩的直觉感知，首先是色相 H（Hue），即红、橙、黄、绿、青、蓝、紫中的一个；然后是色彩的深浅度，即色彩饱和度 S（Saturation）和明度 B（Brightness）。色相 H 表示色彩，在 0°~360° 的标准色环上，按照角度值标识，比如红色是 0°，绿色是 120° 等。色彩饱和度 S 表示颜色的纯度，即色相中彩色成分所占的比例，从低到高饱和度逐渐增加，饱和度高，色彩比较艳丽；饱和度低，色彩就接近灰色。明度 B 表示颜色的明暗程度，通常是从 0（黑）~100%（白）的百分比来度量的，亮度高色彩明亮；亮度低，色彩暗淡，亮度最高得到纯白，亮度最低得到纯黑。

用这三个元素可以确定一个物体的颜色，这种定义颜色的方法符合人们的视觉习惯。现实生活中，人们判断物体颜色的时候，一般先确定色相属于哪种颜色，然后确定色彩饱和度和明度，这样的流程是一种比较感性的确定方法，符合人们的色彩识别习惯。

8.1.3 颜色轮

颜色轮是研究颜色相加混合的一种实验仪器，可以通过颜色轮判断一个颜色分量与其他颜色之间的关系，协调颜色搭配，如图 8-9 所示。

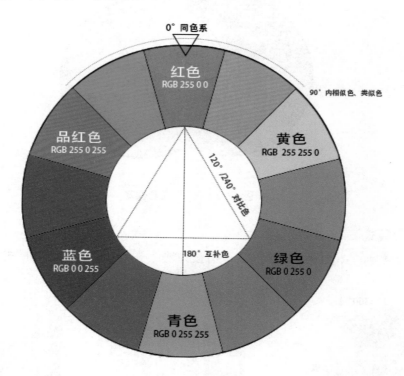

▲ 图 8-9　标准色轮模型

在标准颜色轮中，相对的两个颜色即组成互补色，由于互补色中的两个颜色是对立的，所以使用其中的一种为主色，另一种颜色则用来作为强调色，可以形成比较鲜明的对比；彼此等距的三种颜色则形成三色组，比如三原色形成的三色组称为基色三色组，而三间色形成的三色组则称为间色三色组；对比三色组则是由某个颜色与其互补色两边的颜色组成的。色轮表上彼此相邻的颜色组成同色系，不管这些相邻的颜色是两种还是两种以上，他们都有相同的基础色。

8.1.4 颜色搭配与风格

画面中的颜色绝不会单独存在一种颜色，物体的反射光、环境色彩的搭配和观看者的欣赏角度等，都能决定画面的颜色感觉。不同的色彩搭配方法，能够让画面更具有美感，形成不同的影片风格。

（1）互补搭配：使用色相环上全然相反的颜色，得到强烈的视觉冲击力。

（2）单色搭配：使用同一个颜色，通过加深或减淡搭配不同深浅的颜色，使画面具有统一性。

（3）中性搭配：加入某种颜色的补色或黑色，使其他色彩消失或中性化，使画面显得更加沉稳、大气。

（4）无色搭配：不用彩色，只用黑、白、灰等无彩色系颜色搭配。

（5）类比搭配：在色相环上选择三种连续的色彩，或选择任意一种明色和暗色。

（6）冲突搭配：在色相环上将一种颜色和它左边或右边的色彩搭配起来，形成冲突感。

色彩作为视频画面中最显著的视觉特征，能够对观看者的心理活动产生重要的影响。色彩饱和度高、明度高的画面给人的感觉强烈而浓重，比如电影《满城尽带黄金甲》《我的父亲母亲》等，如图 8-10、图 8-11 所示。

▲ 图 8-10　电影《满城尽带黄金甲》

▲ 图 8-11　电影《我的父亲母亲》

8.2 常用调色特效

调色是后期编辑中一件非常重要的事情，有时是因为不同的素材合成在一起需要色调一致，有时是为了用某种色调表现特殊的氛围，这都需要对图像进行色彩的校正和调节。在进行校正之前，一定要先将监视器的颜色调准确，否则即使调完，颜色也会存在偏差。Premiere Pro CC 视频特效中提供了十几种调色特效，下面选择几种常用的调色特效进行演示介绍。

8.2.1 亮度与对比度

亮度与对比度效果可以对整个图像的色调区域进行色彩亮度和色彩对比度的调节，其参数设置比较简单，只有亮度和对比度两个滑块进行调节，亮度可以调节整个画面的明暗细节，对比度可以调整图像的颜色对比效果，增加对比度数值可以突出画面的细节，但增加过大，则会显得画面失真，对比效果如图 8-12 所示。

▲ 图 8-12　亮度与对比度对比效果

8.2.2 分色

分色效果是非常实用的调色特效，在很多的影视作品中经常用到，比如电影《伤城》《雏菊》中，画面除了红色的血，其余部分均为黑白，如图 8-13 所示。

▲ 图 8-13　分色效果

如果想取得电影中的分色效果，在拍摄过程中，需要注意除了要保留的颜色外，背景中不能出现相同的颜色。具体操作过程：为素材添加"分色"效果，通过"吸管"吸取要保留的颜色，设置"脱色量"。在"节目监视器"面板中会看到除选定的颜色之外，其余的颜色逐渐变为黑白，如果脱色效果不理想，可以适当调整容差、边缘柔和度等参数数值，"匹配颜色"设置为"使用色相"，就可以取得分色效果，对比效果如图 8-14 所示。

▲ 图 8-14　分色对比效果

8.2.3 均衡

均衡效果通过均衡和均衡量两个参数调节，可以取得与 Photoshop 同样样式的颜色效果，对比效果如图 8-15 所示。

▲ 图 8-15　均衡对比效果

8.2.4 更改为颜色

更改为颜色效果用吸管吸取画面中的某一颜色，更改为其他设定的颜色。更改方式可以设置色相、亮度、饱和度等组合，通过色相、亮度和饱和度的容差参数调节，取得比较逼真的颜色替换效果，对比效果如图 8-16 所示，将红色花朵更改为紫色花朵。

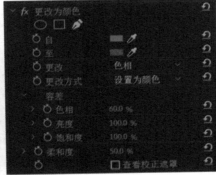

▲ 图 8-16　更改为颜色对比效果

8.2.5 通道混合器

通道混合器效果常用来对图像中的某种颜色通道进行调整，能够创建出不同色调的彩色图像，也可以创建出不同效果的黑白图像，源通道和输出通道都可以选择"红""绿""蓝"三种颜色通道进行调整，对比效果如图 8-17 所示。

▲ 图 8-17　通道混合器对比效果

技术小贴士

如果拍摄时曝光过度或者不足，导致很多图像信息已经丢失，后期的颜色调节是无法还原的，除非在拍摄时保存了图像光源信号转化为数字信号的原始数据，比如 RAW 格式。如果没有保存原始格式，则在拍摄素材的时候一定要把握住一个原则，那就是能暗不能亮，宁可稍微暗一点，通过后期调整，能够稍微将暗部区域调整回正常。在拍摄的时候，如果保存了原始格式，那么无论是亮还是暗，都能通过后期调整的技术手段还原回来。

◻ 8.3　Lumetri 调色参数及技巧

Lumetri 调色有 Lumetri 预设和切换颜色模式两种方式。在默认情况下，Premiere Pro CC 工作界面使用的是编辑模式，在使用 Lumetri Color 进行颜色调节时，需要将工作区由默认的编辑模式切换到颜色模式。与编辑模式相比，颜色模式最大的变化是打开了两个面板，左侧是"Lumetri 范围"面板，中间是"节目监视器"面板，右侧则是"Lumetri 颜色"面板，如图 8-18 所示。

▲ 图 8-18　颜色模式

8.3.1 Lumetri 预设

在"效果"面板中，Premiere Pro CC 提供了多种 Lumetri 预设，左侧为 Lumetri 预设，右侧为实际的效果图，如图 8-19 所示。

▲ 图 8-19　Lumetri 预设

可直接拖动具体 Lumetri 预设效果到时间轴序列的素材上，为素材添加应用 Lumetri 预设的效果，如图 8-20 所示。

▲ 图 8-20　应用 Lumetri 预设

8.3.2 "Lumetri 范围"面板

将工作区由默认的编辑模式切换到颜色模式。"Lumetri 范围"面板可以将素材的亮度和色度等信息直观地显示出来，并根据参数调节发生相应变化，帮助用户更准确地判断和进行颜色校正。右键单击"Lumetri 范围"面板的中间区域，可以看到显示的范围种类，如图 8-21 所示。在默认情况下，"Lumetri 范围"面板显示的是 RGB 分量，这是计算机显示颜色的一种最常用的方法，能够很直观地显示出当前剪辑素材中红、绿、蓝这三个通道之间的关系和级别。除默认的显示内容外，还提供其他显示信息，包括矢量示波器、直方图和波形等，单击右键，可以选择显示类型。

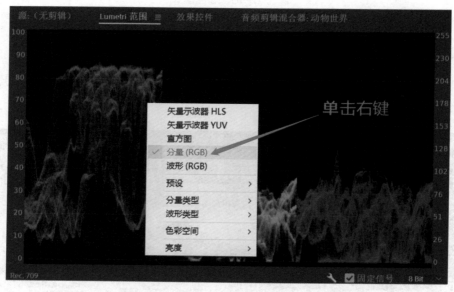

▲ 图 8-21 "Lumetri 范围"面板

1. 矢量示波器

Premiere Pro CC 内置了两个矢量示波器，第一个是矢量示波器 HLS，H 代表色相，L 代表亮度，S 代表饱和度；第二个是矢量示波器 YUV，显示一个圆形图，类似于色轮，用于显示视频的色度信息，如图 8-22 所示。

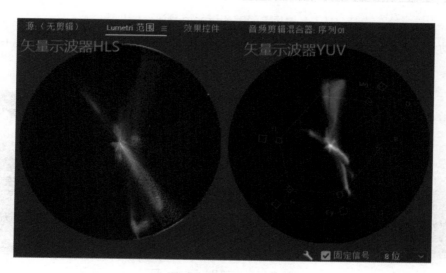

▲ 图 8-22 矢量示波器

2. 直方图

直方图采用坐标显示画面的视觉信息，可以把纵轴平均分为三等份，下部代表图像的暗部区域，上部代表图像的亮部区域，中间叫做中间调。通过直方图，能够清晰地看到图像中亮部、中间调和暗部的分布，从直方图判断图像的曝光情况。一般情况下，一张曝光正常的照片，亮部和暗部都应该有像素，像素可以少，但是不能没有，通常情况下正常的直方图应该呈现山峰的形状，中间调的像素应该是最多的，如图 8-23 所示。

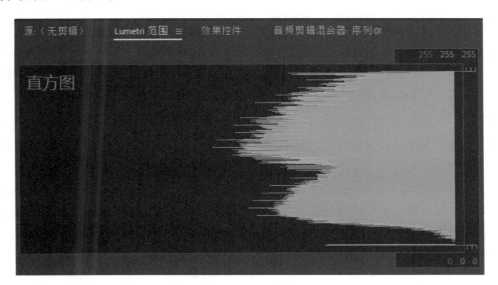

▲ 图 8-23　直方图

3. 波形 RGB

波形 RGB 显示视频图像中红、绿、蓝三基色的波形信息，如图 8-24 所示。

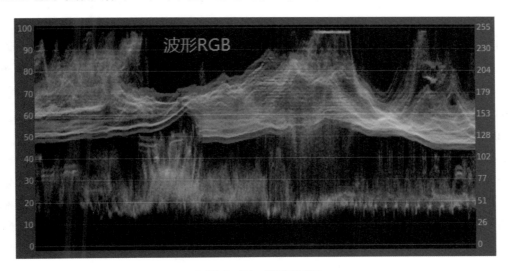

▲ 图 8-24　波形 RGB

4. 分量

分量中，除了默认的 RGB 分量外，Premiere Pro CC 还提供了其他几种分量类型，波形中也提供了 RGB、YUV、RGB- 白色和 YUV- 白色 4 种类型，这些都可以显示视频中的亮度和色差通道级别的波形或信息值，作用都是帮助我们更准确地评估剪辑的色彩，以便进行更好地调节，区别只在于每个人的查看习惯或针对不同需求而进行不同的选择。

8.3.3 "Lumetri 颜色" 面板

右侧的 "Lumetri 颜色" 面板是用户进行常规颜色校正和创意调节的区域，这个面板中集合了多种使用工具，比如曲线、色轮和晕影等，分别放置在不同板块中，用于完成不同侧重的颜色调整任务。下面进行详细讲解，"Lumetri 颜色" 面板显示默认的 RGB 分量。

1. 基本校正

基本校正板块中的参数，可以修正过暗或过亮的视频，在剪辑中调整色相、明亮度和对比度。

1）输入 LUT

输入 LUT 中显示的是 Premiere Pro CC 中内置的预设效果，从下拉列表中可以直接选择并查看预设的调节效果，如果这里面的预设效果都不符合用户要求，可以不使用内置预设，直接选择 "无"，还可以在选择预设效果后，仍然使用下面的工具进行进一步调节。

2）白平衡

白平衡反映的是拍摄视频时的光线条件，不仅每一天的光线条件不同，即使一天之中，不同时间段光线条件也不同，不同的光源在画面中反映的颜色也不同，因此在不同时间段拍摄时，都需要调节摄像机的白平衡参数以适应当时的光线条件。色温是表示光源光谱质量最通用的指标，单位是 "K"（开尔文），在不同光线色温环境下摄像机拍摄出来的画面呈现不同的效果。如果对最终拍摄出来的效果不满意，或者早上拍摄的视频想得到中午的效果，我们就需要调整白平衡来改变视频的环境色。

在白平衡选项组里，提供了色温和色彩 2 个调节值，在这两个参数的滑块控件部分，可以直观看到调节的颜色走向。将色温滑块向左移动可使视频看起来偏冷色，向右移动则偏暖色。调色色彩滑块可以补充绿色或洋红色色彩，向左移动滑块，可以向视频中添加绿色，向右移动则添加洋红色。如果觉得移动幅度较大，不好控制，可以将光标移动到滑块旁边的数值框上，左右滑动改变数值，按住 Ctrl 键，可以 0.1 为单位进行微调，或者直接在框中输入特定值，实现想要的效果。

3）色调

色调选项组中包含多个参数。

（1）曝光：调节曝光度可以设置视频素材的亮度，向右滑动，可以增加高光，画面变亮；向左滑动，可以扩展阴影部分，使画面变暗。在滑动滑块时可以观察左侧的 RGB 分量波形，或者同时打开直方图，随着向右移动滑块，画面中的像素都集中在高光区，画面变亮；同样，向左移动滑块，画面中的像素都集中在阴影区，画面变暗。

（2）对比度：主要影响视频的中间调部分，向右增加对比度，可以使画面中的高光区域更亮，暗部区域更暗；相反，向左则是减小对比度，同时观察左侧的 RGB 波形图变化。

（3）高光：主要针对画面高亮区域进行调节，向左拖动滑块使高光变暗，向右拖动使高光变得更亮。

（4）阴影：主要针对画面暗部区域进行调节，向左拖动滑块使阴影变暗，向右拖动滑块使阴影变亮。

（5）白色：与高光调节类似，向右拖动白色参数滑块，可以使画面中更多的亮部变成白色；向左拖动滑块可以减少对高光的修剪。

（6）黑色：与阴影调节类似，向左拖动滑块可以使画面中更多的阴影变成纯黑色；向右拖动则是减少对阴影的修剪。

（7）重置：单击"重置"，上面所有色调控件的设置都会被还原为默认设置。

（8）自动：选择"自动"，Premiere Pro CC 会根据画面自动对上面的参数进行调节。

（9）饱和度：可以均匀地调整视频中所有颜色的饱和度，向左拖动滑块可以降低整体饱和度，饱和度为 0 时，画面呈现黑白效果；向右拖动滑块可增加整体饱和度，颜色更艳丽。

根据基本校正的参数设置，进行调色的效果对比如图 8-25 所示。

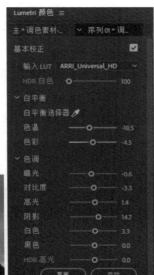

▲ 图 8-25　Lumetri 颜色面板与基本校正效果对比

2. 创意

创意可以对饱和度等参数进行更为复杂的控制，达到进一步艺术加工的效果。

1）Look

Premiere Pro CC 内置了很多 Look 预设效果，包含多种风格，通过下拉列表选择预设效果，可以在窗口查看效果，如果找到满意的预设效果，就可以直接在视频素材上使用，类似于手机使用的修图、美颜相机 App 里自带的韩系、日系等风格。强度参数是指应用 Look 效果的强度，向右拖动滑块可以增加应用的 Look 效果，向左拖动滑块可减少效果，如果拖到 0 的位置，就相当于没有应用这个 Look 效果。如果 Look 中没有想要的效果，还可以选择无进行自定义调整。

2）调整

在调整选项中，共提供了 6 个参数调节。

（1）淡化胶片：在视频画面中应用淡化胶片效果，能够产生类似于低对比度、怀旧的效果。

（2）锐化：与模糊是相对的，向右拖动滑块可增加边缘清晰度，向左拖动可减小边缘清晰度。增加边缘清晰度可以使视频中的细节显得更明显，但是如果过度锐化会使其看起来不自然，颗粒感加重。默认值为 0，即关闭锐化效果。

（3）自然饱和度：调节自然饱和度是调整画面色彩的鲜艳程度，即使把自然饱和度的数值降到最低，画面一般也还会有一些色彩信息，不会变成完全的黑白效果，同样，即使把自然饱和度的数值提高到最大，画面也不会过度艳丽。也就是说，这个参数对画面中饱和度低的颜色进行更改，而对高饱和度颜色的影响较小，因此不会产生溢色现象。

（4）饱和度：调节饱和度参数会提升或降低画面中所有颜色的强度，如果调节数值过大，就可能导致过饱和，画面局部细节消失，最常见的是人物皮肤的过饱和，会呈现出不自然的橙色。如果调节到最低，画面会变成黑白影像。

（5）色彩轮：色彩轮可以分别改变画面阴影部分和高光部分的颜色。如果想将画面的阴影部分调节成偏蓝色调，可以单击"阴影色彩"中"蓝色"位置，这样画面中的暗部就变成了蓝色。同样，如果想将画面的高光部分调节成偏红色调，可以单击"高光色彩"中"红色"位置，这样画面中的亮部就变成了红色。

（6）色彩平衡：色彩平衡调节的是视频画面中多余的绿色或洋红色。向左拖动滑块，会去掉画面中的绿色；向右拖动滑块，会去掉画面中的洋红色。

根据创意的参数设置，可以调整画面使其具有艺术效果，效果对比如图 8-26 所示。

▲ 图 8-26　创意参数调节与效果对比

3. 曲线

曲线包括 RGB 曲线和色相饱和度曲线，既可以调整亮度，也可以调节颜色。

1）RGB 曲线

RGB 曲线中白色线用来调整亮度，红、绿、蓝 3 个通道可以调节指定的颜色，还可以在曲线上增加控制点，如图 8-27 所示。当光标放置在曲线上时，会自动变成钢笔形状，单击即可添加控制点，如果要删除控制点，需要按住 "Ctrl" 键，这时光标会变成钢笔加一个减号的形状，单击即可删除控制点。

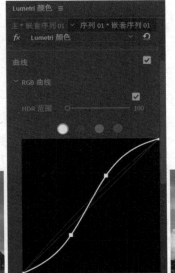

▲ 图 8-27　RGB 曲线

2）色相饱和度曲线

色相饱和度曲线包括色相与饱和度、色相与色相、色相与亮度、亮度与饱和度、饱和度与饱和度等曲线，所有曲线在默认的初始状态下均呈现直线。以色相与饱和度曲线为例，可以通过吸管工具吸取画面中需要调节的颜色，即可在色相与饱和度直线的相关颜色区域自动添加 3 个控制点，向上或者向下拖动中间控制点，就可以增加或者减少相关颜色的色相与饱和度，如图 8-28 所示。

▲ 图 8-28　调整色相饱和度曲线

4. 色轮和匹配

色轮和匹配包括匹配和色轮调节两个部分。匹配主要由颜色匹配和人脸检测两部分组成，是在 Premiere Pro CC 2018 第二版之后才有的功能，可以通过匹配对一段视频素材进行速调色，匹配包括比较视图和人脸检测两部分，勾选"人脸检测"，将参考素材和需要应用匹配调色素材放置在时间轴窗口的序列中，单击"比较视图"，如图 8-29 所示。

▲ 图 8-29　颜色匹配

　　在"节目监视器"面板中会弹出监视窗口，左侧为参考视频，可以通过下方的时间指示器查找参考视频，找到需要进行颜色匹配的画面位置；右侧为当前视频，可以通过监视器下方的镜头或帧比较、并排、水平拆分、垂直拆分等选项，显示参考画面和当前画面的位置。单击"Lumetri 颜色"面板中"色轮与匹配"中的"应用匹配"，就可以把参考位置的色调应用到当前视频，如图 8-30 所示。这个功能可以快速统一不同素材的色调，也可以快速把电影大片的色调应用到用户制作的视频当中。

▲ 图 8-30　应用匹配

色轮是有针对性地调整阴影、中间调和高光区域，调节时可以结合左侧的波形示波器，在波形示波器中可以看到上方 1/4 是高光，中间 1/2 是中间调，下方 1/4 是阴影，观察调整后的变化效果。色轮的每个部分都由左侧滑块和右侧色轮两部分组成，在默认情况下，滑块处于中间位置，调节滑块可以改变亮度，向上是变亮，向下是变暗。

1）中间调

中间调主要调节图像的中间影调区域，向上拖动中间调滑块，可以看到 RGB 分量波形中间区域上移，也就是画面中间调的部分整体变亮；向下拖动中间调滑块，中间区域带动高亮区整体下移，画面变暗了。调节色轮可以改变中间调区域的颜色，比如将中间调的颜色设置成橙黄色，可以制作出一种怀旧的风格效果。

2）阴影

阴影主要调节图像的暗部区域，向上拖动高光滑块，可以看到 RGB 分量波形阴影区域向上移动，也就是画面的暗部变亮，而对于画面的高光区域则影响很小。调节色轮可以改变暗部区域的颜色，比如将暗部的颜色设置成蓝绿色，可以制作出一种潮湿寒冷的暮光之城效果。

3）高光

高光主要调节图像的亮部区域，向上拖动阴影滑块，可以看到 RGB 分量波形高光区域向上移动，也就是画面的亮部更亮，而对于画面的阴影区域则影响很小。调节色轮可以改变亮度区域的颜色，比如将亮部的颜色设置成橙黄色，可以制作出一种朝霞或晚霞的效果。如果想要撤销颜色的选择，只需在色轮中间位置双击鼠标恢复到默认状态。

根据色轮的参数设置，实现分区域对图像进行细节调整，制作出不同的画面效果，效果对比如图 8-31 所示。

▲ 图 8-31　色轮和匹配效果对比

5. HSL 辅助

HSL 辅助选项类似于颜色替换，主要通过吸管工具在画面选取想要改变的颜色，然后对选择出来的这部分颜色进行调节，用新的颜色进行替换。

1）键

通过设置颜色中的吸管工具吸取画面中需要替换的颜色，通过 H（色相）、S（饱和度）和 L（亮度）滑块查看键出的图像是否满足要求，进行微调。H（色相）参数调节时，将光标放置在滑块中间位置左右拖动可以确定要修改的颜色，只要按住鼠标左键不松开，就可以查看到选取的区域，将光标移到上方三角左右拖动，可以进一步扩展或缩小颜色的覆盖范围，将光标移到下方三角拖动可以细微地调节选区的边缘。按照同样操作方式，可以调节 S（饱和度）和 L（亮度）这 2 个参数，直到调整出尽可能满意的区域，如图 8-32 所示。

▲ 图 8-32　HSL 辅助"键"参数

2）优化

优化选项中，可以对选区进行进一步修饰，降噪可以对选区的细节进行修饰，模糊可以实现边缘羽化的渐隐效果。

3）更正

更正选项是进行颜色替换。色轮位置设置要调节的颜色，左边滑块可以改变替换颜色的亮度，如果替换颜色的效果不满意，可以通过下面的色温、色彩、对比度、锐化和饱和度等参数进行细调，直至颜色效果逼真自然为止，如图 8-33 所示，视频中的红色玫瑰花颜色发生了变化，红色被替换成了蓝色。

▲ 图 8-33　应用 HSL 辅助效果

6. 晕影

晕影效果可以做出画面边缘逐渐淡出，而中心处明亮的效果。

1）数量

数量表示沿图像边缘设置变亮或变暗的数量。向右滑动"数量"滑块，四周变亮；向左滑动，四周变暗。

2）中点

中点指定上面设置"数量"滑块影响的区域宽度。比如设置了四周变暗的效果，向左滑动"中点"滑块，四周变暗的区域会增大；向右滑动，变暗的区域会减少。

3）圆度

圆度指晕影的形状和大小，将圆度设置为 0，可以看得更清楚。

4）羽化

羽化是定义晕影的边缘，羽化值越大，边缘越柔和；羽化值越小，边缘越清晰。

根据晕影的参数设置，就得到了一个四周逐渐淡出的视频效果，如图 8-34 所示。

▲ 图 8-34　应用晕影效果

8.4 Lumetri 调色案例——白天与夜晚

Lumetri 调色案例——白天与夜晚将遵循基本的调色原则，演示将白天场景调整为夜晚场景的调色步骤。

8.4.1 切换颜色模式

步骤 1：新建一个工程项目，命名为"调色案例"，进入工作界面后，在"项目"面板的空白区域双击，导入素材，直接拖动素材到时间轴窗口序列中，创建一个与素材视频属性一致的序列，如图 8-35 所示。

▲ 图 8-35　创建序列

步骤 2：选择导入的素材片段，打开"效果控件"，展开"不透明度"参数，添加"蒙版"，将蒙版调整为画面的一半大小，调整蒙版的目的主要是为了对比调色效果，如图 8-36 所示。

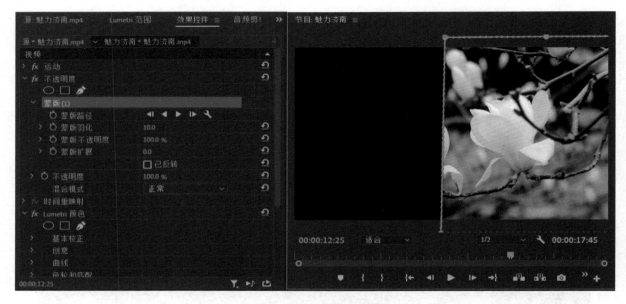

▲ 图 8-36　添加"蒙版"

步骤 3：调整好蒙版位置后，将设置好蒙版的素材片段放置在 V2 视频轨道，重新拖动原素材放置在下面的 V1 视频轨道，如图 8-37 所示。

▲ 图 8-37　对比调色效果

　　步骤 4：单击工作界面上方的"颜色"模式，将工作区由编辑状态切换到颜色校正状态，右侧会出现"Lumetri 颜色"面板，左侧切换到"Lumetri 范围"的监视器面板。在右侧的"Lumetri 颜色"面板选择"基本校正"，将"白平衡"的"色温"向右侧移动，可以看到左侧的"Lumetri 范围"的监视器面板中，左侧对应原始素材，右侧对应调节参数后的色彩范围，色彩范围从 0～100，可以直观地看到图像中色彩范围的分布，如图 8-38 所示。

▲ 图 8-38　"颜色"面板

8.4.2 基本校正

将"色温"的数值设置为"-10.0",增加画面中蓝色的成分,调节"色彩"数值,数值设置为"-5.0"。接下来对色调进行调节,降低"曝光",因为在夜晚的时候一般会有曝光不足的情况出现,数值设置为"-2.5",同时降低"对比度",因为在夜晚的时候,对比度看起来并不那么明显,数值设置为"-40.0"。接下来是高光部分,夜晚的时候,高光的部分会显得更亮一些,调大"高光"的值,设置为75,"阴影"部分数值设置为"-40.0","白色"部分参数降低到"-75.0","黑色"部分同样降低一些,数值设置为"-65.0",如图8-39所示。

▲ 图8-39　设置基本校正参数

8.4.3 创意

在 Looks 中选择"SL BIG LDR"(低动态光照渲染)效果,现在整个画面看起来偏蓝,增大画面的"强度",数值设置为"82.0",调整下面的"淡化胶片",数值设置为"50.0","锐化"数值稍微增大一点,数值设置为"10.0",调节"自然饱和度",数值设置为"20.0","饱和度"要降低一些,因为在夜晚的时候,色彩的饱和度并不是那么的明显,所以要将数值降低,设置参数为"36.0",阴影、高光的色彩部分通过调色轮,将基调稍微调节到偏蓝一点,之所以这样做,是因为夜晚的时候基本是那种清冷的蓝色月光,"色彩平衡"部分数值设置为"-8.0",如图8-40所示。

▲ 图 8-40 设置创意参数

8.4.4 曲线

调节 RGB 曲线的部分让亮度稍微地降低一点，色相饱和度曲线部分，因为夜晚时的色彩饱和度并不很明显，因此没有进行参数调节，如图 8-41 所示。

▲ 图 8-41 设置 RGB 曲线

8.4.5 晕影

调节晕影部分参数值，让画面呈现四周暗而中间亮的效果。"数量"设置为"−1.5"，"中点"设置为"38.0"，"圆度"设置为"−12.0"，羽化值根据实际效果调节，如图 8-42 所示。

▲ 图 8-42　设置晕影参数

通过"Lumetri 颜色"面板调节，就可以实现将白天的场景调整为夜晚的场景，显示清冷月光之下的画面场景。在实际的调色过程当中，用户需要不断地对参数进行修改，直到达到自己满意的效果为止。

第 9 章

字幕设计与制作

| 知识目标 |

（1）理解字幕设计基本原则

（2）理解标题字幕界面的参数含义

| 能力目标 |

（1）熟练掌握利用文字工具创建和编辑字幕的基本方法

（2）熟练掌握开放式字幕编辑的基本方法

（3）灵活运用字幕工具完成字幕设计

| 素质目标 |

掌握字幕设计与制作的基本知识，正确理解中国传统的美学思想，能够灵活运用文字技巧，提高对传统文化的认知，提升传统与创新的融合能力。

| 本章概述 |

对任何视频影像的呈现，字幕的辅助作用都必不可少。字幕是对视觉影像和声音的补充和延伸，它不但具有补充、配合、说明和强调的作用，而且还有点缀画面、美化屏幕、为作品增添光彩的艺术效果。字幕包括各种文字、线条和几何图像，通过结合 Premiere Pro CC 的其他功能，可以让字幕展示出各种不同效果，为视频影像的主题服务。

本章主要讲解字幕设计的基本原则，通过学习标题字幕编辑界面的参数含义，掌握字幕设计中的字体选择、颜色配合、边与影、字幕位置和运动等内容，同时对利用文字工具创建字幕和开放式字幕进行详细讲解。设计出色的字幕需要考虑到许多不同的因素组合，虽然在实际字幕设计过程中，并没有一套现成的标准可供参考，但用户在具体设计字幕时仍然需要考虑一些因素，才能创造出图文并茂的视觉效果。

| 案例导入 |

2022 年 2 月 4 日，北京冬奥会开幕式中以"二十四节气"为主题的倒计时短片，采用了中国传统二十四节气的创意元素，用"中国式浪漫"美学惊艳了世界，也让全世界领略了这一中国古老历法的独特文化魅力。短片中诗意壮美的中国山水和人文景观，二十四节气的中英文字幕，中国古诗词、谚语和俗语的字幕等设计，将中国传统意境和现代美学完美结合，展现出中华文化的源远流长、博大精深。春夏秋冬时节更替中蕴含中国人的生命观、价值观和宇宙观。这场"空灵、浪漫、现代、科技"的开幕式，传递了中国人民迎接美好未来的共同价值观，向全世界讲述了精彩绝伦的中国故事和冬奥故事。

在中国农历中，一年有24个节气，立春居首。
A Chinese lunar year has 24 solar terms.
The Beginning of Spring comes first.

9.1　字幕设计基本原则

9.1.1 字体选择

中文字体可能有几百种，但在实际选用时，经常使用的有宋体、楷体和黑体等，这些字体在 Premiere Pro CC 的字体库中均有，但如果用户需要使用更多的字体，只能采用自行安装的方法添加。

一般选择字体时，首先要考虑到使用字幕的原因或使用字幕的意图。比如，黑体字没有衬线装饰，字形端庄，笔画横平竖直，笔迹全部一样粗细，结构醒目严密，笔画粗壮有力，撇、捺等笔画不尖，易于阅读，由于其醒目的特点，常用于标题字幕或标志字幕。而宋体字的字形方正，笔画横平竖直，棱角分明，结构严谨，整齐均匀，有极强的规律性，因此更适合使用在比较严谨的环境中。同时，在选择字体时还要考虑字体的感觉是否与电视节目的整体类型相吻合。比如楷体字形端正、合乎规范，有端正的感觉；隶书字形圆方，有一种古典的艺术美；行书则有一气呵成之感，显得比较豪迈。每种字体都有其不同的风格，适合不同类型的视频作品。

9.1.2 颜色配合

设计字幕时对于颜色的设计有两个需要考虑的方面：一个是文字本身的颜色，另一个是文字边缘的颜色。字与边的颜色相互配合，可以设计出非常绚丽的感觉，适合一些比较活泼、奔放的电视节目，比如儿童节目、体育节目等。在字与边的颜色配合中，应该以字本身的颜色为主，边的颜色是为了配合主体颜色或从背景中突出主体颜色。因此，在字幕的设计过程中，应该特别注意主色调与陪衬色调的关系。

9.1.3 边与影

字幕的边与影也可以使字幕设计美观、醒目。字幕的边与影一般分开使用，不能同时使用在一起，以免影响效果，给人一种杂、乱、闹的感觉。同时，在设计字幕的边与影时，还要注意与背景的协调，设计字幕的目的是突出补充说明的画面，因此在设计字幕时，不能过多地表现文字本身而忽视了画面或声音，造成喧宾夺主的感觉。

9.1.4 字幕位置

设计字幕位置时首先要考虑字幕是否在安全区域内，Premiere Pro CC 在字幕设计窗口中会有一个字幕安全区，一般在设计字幕位置时需要保证字幕在安全区域内；其次，在设计字幕位置时，还要考虑文字本身大小与画面高度之间的关系，以及字幕在整个画面中所占的比例，只有这样才能设计出好的字幕，给观众一种赏心悦目的感觉。

9.1.5 字幕运动

在设计字幕的过程中，需要考虑到字幕的运动方式，比如淡入淡出、上滚下翻和左右运动等。在具体设计字幕的运动时，应该考虑到字幕运动的必要性，以及字幕运动与画面运动的协调性。比如，字幕动态移动的方向与影像的移动产生某种共鸣或交叉，往往给观众一种视觉信息过于杂乱的感觉，影响视频画面效果。

▛ 9.2　创建标题字幕

Premiere Pro CC 创建的字幕文件都带有一个透明的 Alpha 通道，设计好的字幕文件直接放置在时间轴窗口序列中视频轨道的上层轨道。在 Premiere Pro CC 2018 以后的版本，保留有创建旧版标题的功能，通过"字幕设计"面板完成文字与图形的创建和编辑功能，为用户带来更多选择。

9.2.1 "字幕设计"面板

单击菜单"文件"→"新建"→"旧版标题"，弹出如图 9-1 所示的对话框，创建字幕文件。

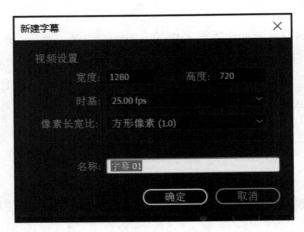

▲ 图 9-1　新建字幕

单击"确定"，弹出如图 9-2 所示的"字幕设计"面板。

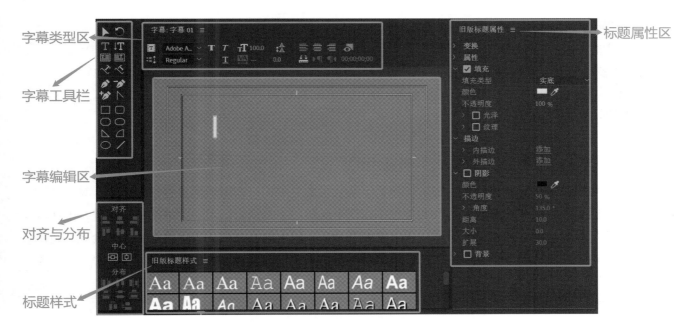

字幕类型区
字幕工具栏
字幕编辑区
对齐与分布
标题样式
标题属性区

▲ 图 9-2　"字幕设计"面板

1. 字幕类型区

字幕类型区主要用于设置字幕的基本类型和字幕的一些基本属性。

■：在当前字幕窗口下新建一个字幕文件。

■：设置字幕类型，单击此选项，会弹出如图 9-3 所示的对话框。其中，字幕类型包括静止图像、滚动字幕和左右游动字幕。同时，在该对话框中还可以进行字幕运动的定时设置等。

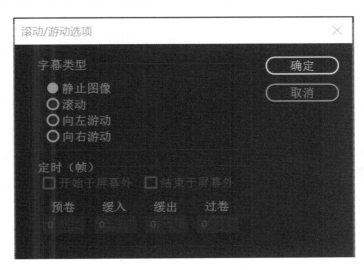

▲ 图 9-3　"滚动 / 游动选项"对话框

Adobe A... ∨：下拉列表中设置字体类型。

Regular ∨：下拉列表中设置字体风格。

T *T* T̲：文字风格，包括加黑、斜体和下划线等。

T 100.0：设置字幕之间的间距。

VA 0.0：设置两个文字之间的间距。

A 20.0：设置字幕行间距。

≡ ≡ ≡：文字对齐方式，包括左对齐、居中对齐和右对齐。

：制表位。

：显示背景视频。

2. 字幕编辑区

字幕编辑区是进行字幕设计的预览区域，字幕效果的显示均可在编辑区进行预览编辑，对于文字的输入、图形的绘制和字幕效果的改变等也都在这里进行。字幕编辑区由一个透明通道组成，上面有两个安全区域的边框，较小的安全框代表字幕的安全区，较大的安全框代表字幕运动的安全区。超出安全区的内容在电视机屏幕上播放时，有可能显示不出来。因此，在设计字幕的过程中，要注意字幕的位置及它的运动范围。

3. 字幕工具栏

字幕工具栏位于"字幕设计"面板的左上部，这里存放着创建和编辑字幕所需要的工具，使用这些工具可以对文字进行编辑，也可以绘制和编辑各种几何图形。

▶ (选择工具)：用于选择和移动文字或图形。

⟲ (旋转工具)：用于对文字进行旋转。

T (文字工具)：输入水平排列文字。

IT (垂直文字工具)：输入垂直排列文字。

▦ (区域文字工具)：水平文字输入范围。

▥ (垂直区域文字工具)：垂直文字输入范围。

⟋ (路径文字工具)：绘制路径，按照路径输入垂直于路径的文字。

⟍ (垂直路径文字工具)：绘制路径，按照路径输入平行于路径的文字。

✏ (钢笔工具)：绘制路径形状。

✒ (删除控制点工具)：删除路径上的控制点。

✒ (添加控制点工具)：添加路径上的控制点。

◣ (转换控制点工具)：转换路径上控制点为贝兹曲线。

▭ (矩形工具)：绘制矩形。

▢ (圆角矩形工具)：绘制圆角矩形。

◖ (切角矩形工具)：绘制切角矩形。

◯ (圆矩形工具)：绘制圆矩形。

◣ (三角形工具)：绘制三角形。

◸ (扇形工具)：绘制扇形。

◯ (椭圆工具)：绘制椭圆，按住"Shift"键可以绘制出圆形。

╱ (直线工具)：绘制直线。

4. 标题属性区

在"字幕设计"面板中创建文字内容后，可以在旧版标题属性区中对文字进行设置，包括文字的字体、大小、颜色、描边和阴影等，旧版标题属性面板共包含6个选项组。

1）变换

单击"变换"前面的三角按钮▼，可以展开选项组中的内容参数，在该选项组中可以设置文字在画面中的不透明度、位置、尺寸和旋转角度等参数，如图9-4所示。

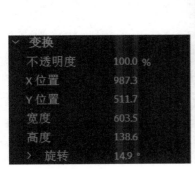

▲ 图 9-4　变换组参数

2）属性

单击"属性"前面的三角按钮▼，可以展开选项组中的内容参数，在该选项组中可以设置文字的字体、字间距、行间距、倾斜、扭曲、下划线和大小写等参数，如图9-5所示。

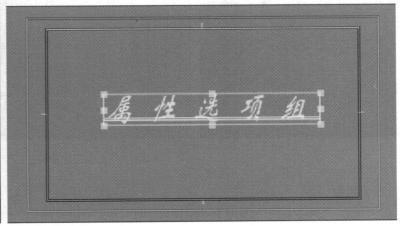

▲ 图 9-5　属性组参数

3）填充

"填充"选项组中提供了填充类型、光泽和纹理3个选项，如图9-6所示。填充类型提供了7种填充模式，分别是实底、线性渐变、径向渐变、四色渐变、斜面、消除和重影；光泽用于为文字添加一条光泽线，可设置光泽的颜色、不透明度、宽度、角度和偏移等；纹理用于对字幕设置纹理效果。

 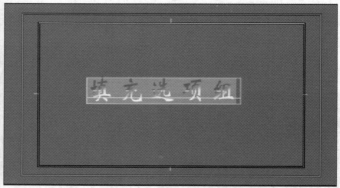

▲ 图 9-6　填充组参数

4）描边

"描边"选项组用于对文字添加轮廓线，可以设置文字的内描边和外描边。Premiere Pro CC 提供了深度、边缘和凹进 3 种描边形式。展开"描边"选项，单击"内描边"或"外描边"选项后面的"添加"按钮，就可以根据选项提示为对象添加描边，如图 9-7 所示。

▲ 图 9-7　描边组参数

5）阴影

"阴影"选项组用于为文字添加阴影，可以为文字设置阴影的颜色、不透明度、角度、阴影与原文字之间的距离，以及设置阴影的扩散程度等，如图 9-8 所示。

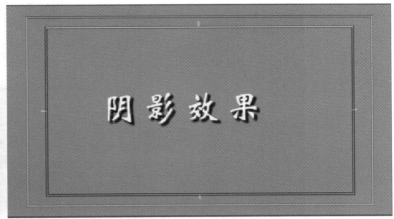

▲ 图 9-8　阴影组参数

6）背景

"背景"选项卡可以用于为字幕添加背景，可以设置背景的填充类型、颜色、不透明度、光泽和纹理等，如图 9-9 所示。

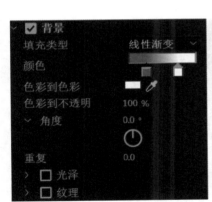

▲ 图 9-9　背景组参数

5. 对齐与分布

对齐与分布在默认状态下，除了中心工具正常显示外，对齐与分布都呈现灰色，表明工具没有被激活。

1）中心

中心工具组包括垂直居中对齐▣和水平居中对齐▣，依次单击这两个工具，文字会居于画面的中心位置，如图 9-10 所示。

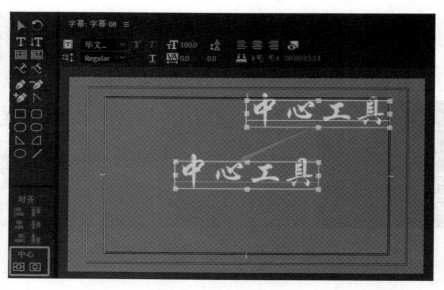

▲ 图 9-10　中心工具

2）对齐

对齐工具需要同时选择两个文字之后，才能被激活，如图 9-11 所示。

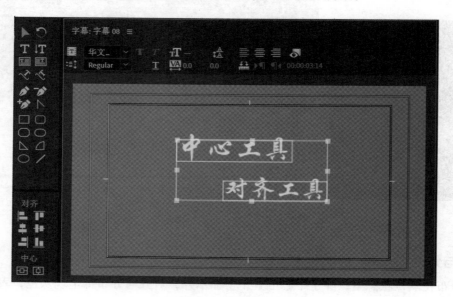

▲ 图 9-11　对齐工具

- ：左对齐。
- ：顶对齐。
- ：垂直对齐。
- ：水平对齐。
- ：右对齐。
- ：底对齐。

3）分布

分布工具需要同时选择三个文字之后，才能被激活，如图 9-12 所示。

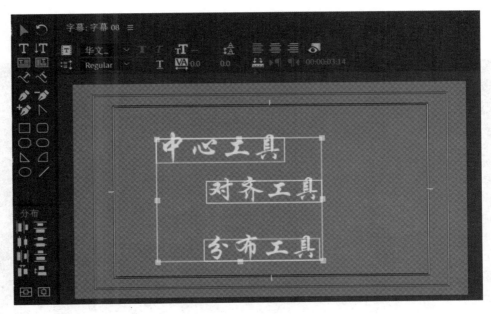

▲ 图 9-12　分布工具

6. 标题样式区

在"字幕设计"面板的下方，Premiere Pro CC 为用户提供了多种已经设置好的文字风格，如图 9-13 所示。用户在建立文字以后，就可以直接为文字添加各种风格，以满足实际需要，从而减少了自己动手制作文字效果的麻烦。同时，用户在导入文字风格后，还可以通过标题属性区的参数设置，对文字效果进行微调，以满足自己的需要。

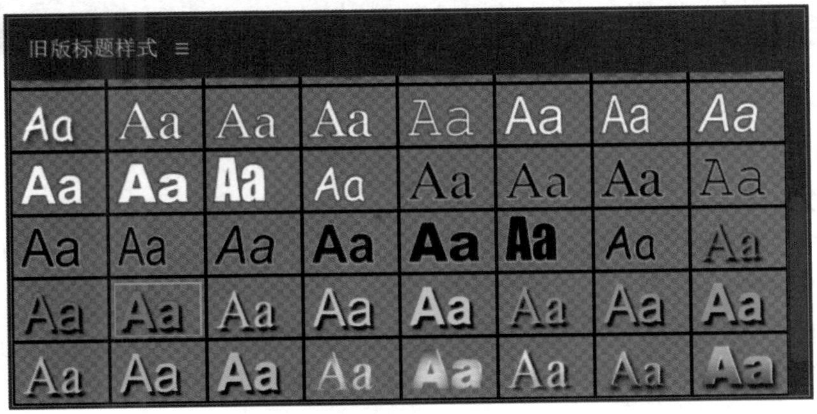

▲ 图 9-13　标题样式

1）应用标题样式

在用户输入文字内容后，在字幕编辑区选择要应用样式的文字，然后单击标题样式区中想要添加的样式图标，就可以将该样式自动添加到所选择的文字上，而标题样式也会立即在编辑区显示出来。

由于标题样式是针对英文字幕设计的，所以在应用标题样式后，有时候在编辑区会出现乱码现象。此时，只需选中文字，单击"属性"中的"字体系列"，在下拉菜单中选择合适的中文字体即可，如图9-14所示。

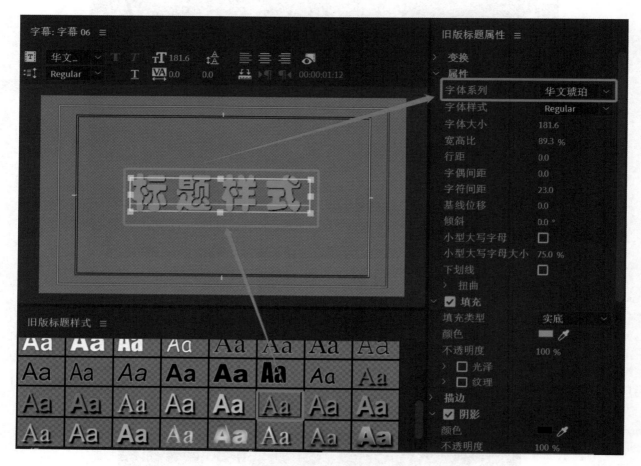

▲ 图 9-14　应用标题样式

2）自定义样式

在 Premiere Pro CC 中除了可以将已经设置好的标题样式应用于文字之外，还可以将用户自己设计好的标题样式设置为自定义样式，并保存在样式列表中。若下次要使用相同的效果，可以直接调用。

首先，设置自定义样式，包括文字变换、属性、填充、描边及阴影等。设置完成后单击标题样式右侧的 ▤ 图标，弹出如图9-15所示的菜单，选择"新建样式…"。

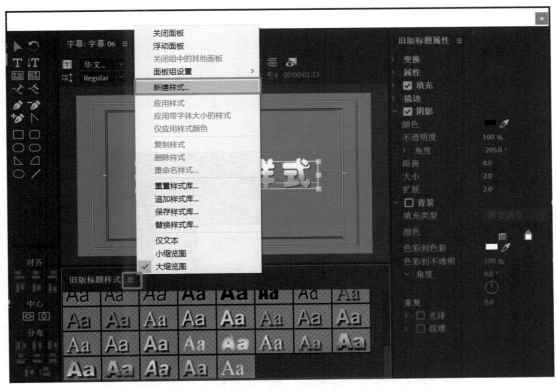

▲ 图 9-15　新建样式

　　在弹出的"新建样式"对话框中，添加名称，单击"确定"，即可在标题样式中看到新建样式的缩略图，如图 9-16 所示。用户可以在以后自行调用该标题样式应用于文字之中。

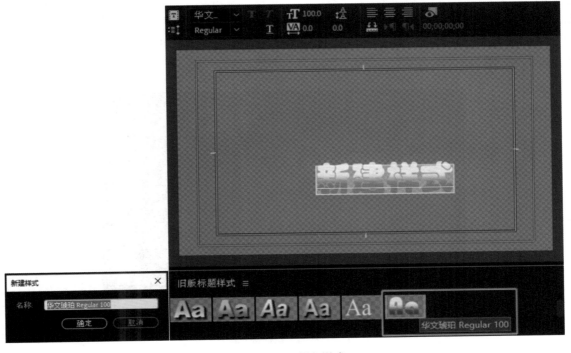

▲ 图 9-16　保存样式

9.2.2 创建静态字幕

如果在视频画面中需要添加文字或其他简单图形，可以通过创建静态字幕完成文字添加。

1. 创建水平字幕

步骤 1：在字幕工具栏中选择 T 文字工具，在字幕编辑区单击，即可出现一个文字插入点和输入框，在输入框内输入文字"水墨江南"，如图 9-17 所示。

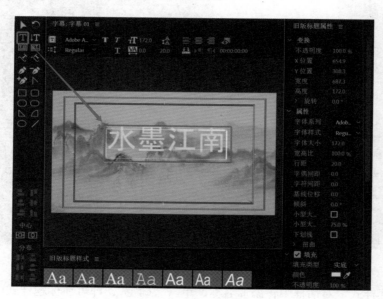

▲ 图 9-17　输入水平文字

步骤 2：在标题属性区域，选择字体为"华文行楷"，根据文字与背景素材的颜色关系，设置文字填充颜色。单击字幕工具栏中的选择工具 ▶，在文本框上将出现 8 个控制点，拖动任意一个控制点即可改变文本框的大小，利用选择工具将文字缩放至合适的大小，同时拖放至窗口中的合适位置，如图 9-18 所示。

▲ 图 9-18　设置标题属性

2. 创建垂直字幕

步骤1：在字幕工具栏中选择 T 垂直文字工具，在字幕编辑区单击，即可出现一个垂直文字的插入点和输入框，在输入框内输入文字"江南春 唐 杜牧 千里莺啼绿映红，水村山郭酒旗风。南朝四百八十寺，多少楼台烟雨中。"如图9-19所示。

▲ 图9-19　输入垂直文字

步骤2：由于绝大多数的字幕是针对英文设计的，所以在创建中文字幕时，在字幕编辑区会出现乱码。在字幕编辑区框选竖版文字，然后单击字幕类型区中的字体库，在下拉菜单中选择"华文隶书"的中文字体。在标题属性区域，依据文字与背景的颜色关系，设置文字的填充颜色。

步骤3：单击字幕工具栏中的选择工具 ，在文本框上将出现8个控制点，拖动任意一个控制点改变文本框大小，利用选择工具将文字缩放至合适的大小，同时拖放至窗口中的合适位置。

步骤4：在字幕编辑区框选"江南春"的文字，在标题属性区域选择"属性"参数，单独设置文字的缩放大小，依次调整其他文字的缩放大小、行间距等参数数值，直至字幕的效果完成，如图9-20所示。

▲ 图9-20　设置标题属性

3. 创建路径文字

在 Premiere Pro CC 的字幕设计窗口中提供了绘制线条的工具，用户可以使用这些工具绘制路径，让文字按照所创建的文字路径显示效果。

步骤 1：在字幕工具栏中选择 路径文字工具，然后在字幕编辑区单击，添加一个控制点，这个点就是路径的起始点。同时在另一处单击，将在此处增加第二个控制点，它将与起始点连接成一条直线。继续在编辑区中添加控制点，使所有点连接成一条路经，如图 9-21 所示。

▲ 图 9-21　绘制路径

步骤 2：选择字幕工具栏中的添加控制点工具 ，在路径上单击，可在该位置处添加一个控制点。选择字幕工具栏中的删除控制点工具 ，在路径选择一个控制点进行单击，就会将该位置的控制点删除。单击字幕工具栏中的转换控制点工具 ，该按钮会处于被按下状态，使用该工具在控制点上拖动，会拖出两个控制手柄，拖动控制手柄可以控制路径线条的形状，而保持控制点的位置不变；直接拖动控制点可以改变控制点的位置，如图 9-22 所示。

▲ 图 9-22　调节路径形状

步骤 3：根据调节路径形状的方法，使用钢笔和转换控制点工具绘制路径，绘制一条依山起伏的路径。选择路径文字工具，在字幕编辑区单击，可以看到输入文字的开始位置，如图 9-23 所示。

▲ 图 9-23　输入路径文字

步骤 4：在开始位置输入文字"试君眼里看多少　数到云峰第几重"，即看到文字自动按照路径形状进行排列，修改标题属性的参数，设置文字的字体、缩放、颜色和字间距等参数，最终效果如图 9-24 所示。如果现在改变路径的形状，文字的排列方法会随着路径一起变换，用户可以根据字幕的实际需要，对路径形状进行个性化的改变。

▲ 图 9-24　路径文字

4．绘制图形

使用"字幕设计"面板中的钢笔工具和绘图工具可以快捷地创建一些基本图形，起到为字幕补充装饰的作用，下面对绘制图形进行演示。

步骤 1：选择字幕工具栏中的钢笔工具 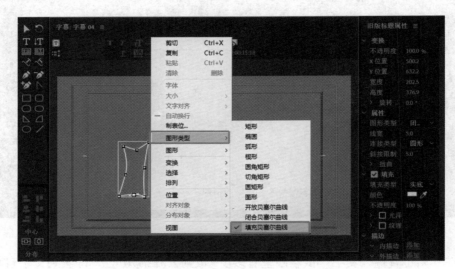，在字幕编辑区单击鼠标，添加一个控制点，移动鼠标位置继续单击鼠标左键，按住鼠标左键不动变成贝塞尔曲线的方式，调整控制点，继续移动鼠标，单击左键绘制一个树干，首尾相接闭合贝塞尔曲线。单击鼠标右键，选择"图形类型"→"填充贝塞尔曲线"，如图 9-25 所示。

▲ 图 9-25　绘制图形

步骤 2：修改"标题属性"中的"填充"参数，设置"填充类型"为"实底"，设置"颜色"为"树干的棕褐色"。

步骤 3：继续用钢笔工具 为树木绘制一个树冠，采用同样的操作填充贝塞尔曲线，设置"颜色"为"绿色"。单击鼠标右键，选择"排列"→"后移"，这样就简单地画出了一棵树的形状，如图 9-26 所示。

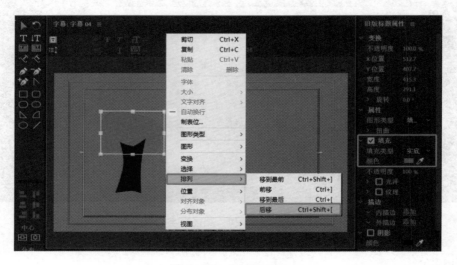

▲ 图 9-26　设置排列层次

步骤 4：选择字幕工具栏中的"椭圆"工具，在树的下面绘制一个椭圆形作为阴影，单击鼠标右键，选择"排列"→"移到最后"，设置"颜色"为"黑色"，绘制出树的阴影，这样一棵树的形状就简单地绘制出来了，如图 9-27 所示。

▲ 图 9-27　设置排列层次

9.2.3 滚屏字幕案例——古诗词：念奴娇·赤壁怀古

在 Premiere Pro CC 软件中，用户可以快速创建由下向上的滚动字幕，也可以创建由左到右的游动字幕，还可以根据需要设置字幕是否需要开始或结束于屏幕外，或者设置字幕在屏幕中定格等。下面以创建向上的滚动字幕为例，进行演示讲解。

步骤 1：新建一个工程项目，命名为"滚屏"，单击菜单"文件"→"新建"→"序列"，在"新建序列"对话框的"序列预设"选项中选择"HDV"→"HDV 720p25"，单击"确定"，新建"序列 01"，如图 9-28 所示。

▲ 图 9-28　新建序列

步骤 2：在"项目"面板的空白区域双击，导入素材"背景图"和"念奴娇赤壁怀古"音频文件。将"背景图片素材"拖动至"序列01"中。选择背景素材，单击右键，选择"缩放为帧大小"，同时将音频直接拖动到A1轨道上，将"背景素材"拉至与音频一样长，如图9-29所示，单击"节目监视器"面板的播放按钮。

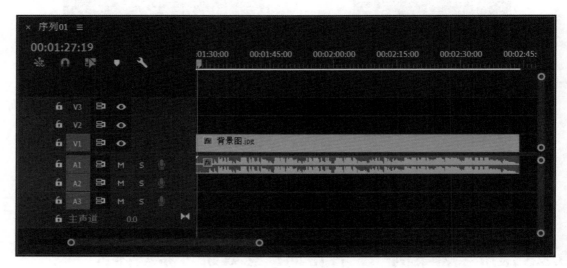

▲ 图9-29　导入素材到"序列01"

步骤 3：单击菜单"文件"→"新建"→"旧版标题"，弹出如图9-30所示的对话框，创建字幕文件，弹出"字幕设计"面板，选择面板上方的字幕类型选项 📇，如图9-30所示。

▲ 图9-30　字幕类型选项

步骤 4：在弹出的字幕类型中选择"滚动"，在定时（帧）参数中，勾选"结束于屏幕外"，设置"预卷"参数为"50"，"缓入"、"缓出"选择默认的 0，单击"确定"，如图 9-31 所示。

▲ 图 9-31　滚动字幕

步骤 5：在字幕编辑区输入文字《念奴娇·赤壁怀古》的词句，在标题属性区域设置"字体系列"为华文隶书，缩放字幕大小，将具体诗词内容与题目、作者区分开，调整字幕位置、行间距等参数，根据字幕与背景图片的颜色关系，设置字体颜色，调整结果如图 9-32 所示，单击"关闭"按钮。

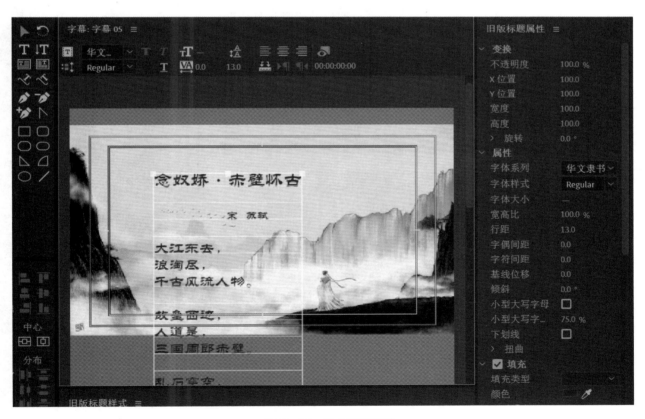

▲ 图 9-32　输入滚屏字幕

步骤 6：将字幕文件直接拖动到时间轴序列的 V2 视频轨道上，将字幕的长度拉至与图片素材、音频同等长度，如图 9-33 所示，单击"节目监视器"面板的播放按钮，预览效果。

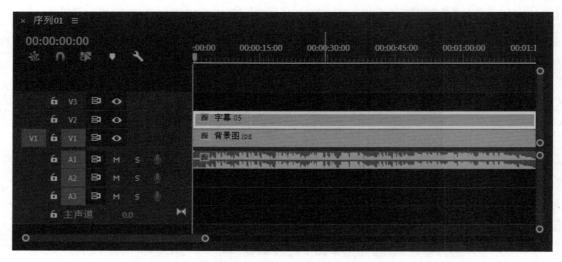

▲ 图 9-33　设置字幕长度

步骤 7：在预览过程中，能够看到滚屏字幕与音频的对应关系。双击"字幕"文件，进入"字幕设计"面板，选择字幕工具栏的"选择工具"，移动字幕到合适位置，拖动字幕编辑区右侧的滑块，将编辑区内的题目和作者文字放置在编辑区内，通过回车键将具体的诗词内容放置在编辑区之外，如图9-34 所示，单击"关闭"。

▲ 图 9-34　设置滚屏位置

步骤 8：在时间轴序列中，将音频波形放大，选择 ◆ 剃刀工具，在音频开始位置用剃刀工具将字幕、背景图和音频等同时剪断，如图 9-35 所示。

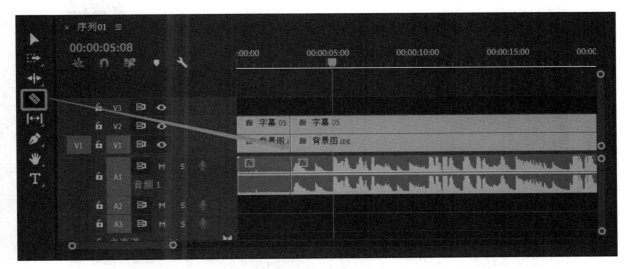

▲ 图 9-35　剃开噪声部分

步骤 9：框选剪断的三段素材，单击右键选择"波纹删除"选项，如图 9-36 所示。

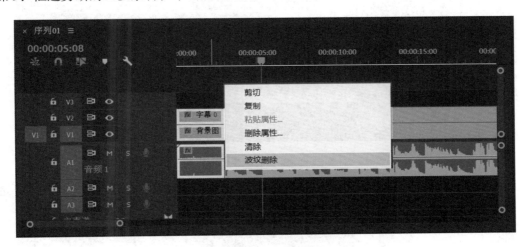

▲ 图 9-36　波纹删除噪声部分

步骤 10：将时间指针移动至音频素材开始朗诵诗词的位置，预览"节目监视器"面板中的视频画面，微调字幕位置，使朗诵开始的声音位置与字幕动态滚屏位置正好对应一致，如图 9-37 所示。

▲ 图 9-37 设置声画对位

步骤 11：放大时间轴序列中 V2 视频轨道，在 fx 处单击右键，显示"不透明度"中的"不透明度"，如图 9-38 所示。

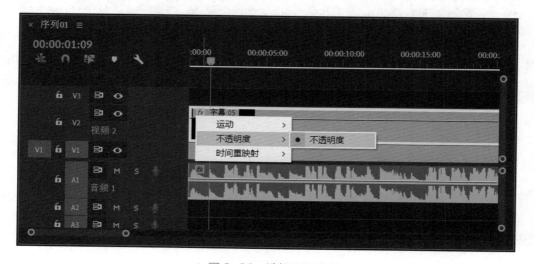

▲ 图 9-38 选择不透明度

步骤 12：选择工具栏中的 ✏️ 钢笔工具，在控制线上添加两个关键帧，调整关键帧位置，使不透明度从 0 到 100%，实现淡入效果，第二个关键帧的位置与音频中第二个音节开始位置保持一致，如图 9-39 所示。

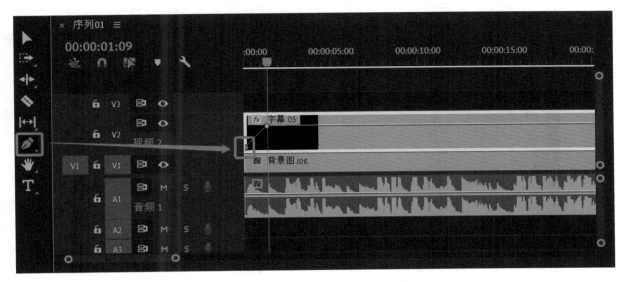

▲ 图 9-39　设置不透明度关键帧

步骤 13：单击节目监视器面板的播放按钮，预览滚屏效果，如图 9-40 所示，如果对刚才的效果不满意，还可以接着双击字幕文件，对其中的参数进行调节，剪辑时间轴序列中的素材，直到调整到满意为止。

▲ 图 9-40　滚屏字幕

🗔 9.3　文字工具创建字幕

自 Premiere Pro CC 2018 版本之后，在时间轴窗口的工具栏中新增 T 文字工具，可以直接在节目监视器窗口中创建文字。

9.3.1 创建文本

步骤 1：选择工具栏中的 T 文字工具，在节目监视器窗口中单击，即可在当前位置创建一个文本输入对话框，在对话框中输入文字"山花落尽山长在　山水空流山自闲"，如图 9-41 所示。

▲ 图 9-41　输入文字

步骤 2：在时间轴序列的上层视频轨道的时间指针位置，新增一个图形文件，如图 9-42 所示。

▲ 图 9-42　时间轴序列显示文本

9.3.2 文本效果控件

在"效果控件"中设置源文本（山花落尽山长在　山水空流山自闲）和变换的参数选项。

1. 源文本

文本包括"源文本"和"变换"两个参数选项。源文本可以设置文字字体、字体样式和对齐方式，"外观"包括设置填充、描边、背景和阴影等。"变换"包括设置文本的位置、缩放、旋转、不透明度和锚点等，如图 9-43 所示。

▲ 图 9-43　文本效果

2. 变换

"变换"可以设置图形的位置、缩放、旋转、不透明度和锚点等参数。

9.4　开放式字幕案例——魅力泉城

在 Premiere Pro CC 中允许创建开放式字幕（也称对白字幕），这些字幕可以刻录到视频流中（与隐藏字幕相比，后者可由观众切换为显示或不显示）。用户可以创建新的开放式字幕，也可以直接导入 XML 和 SRT 文件格式的字幕。

9.4.1 创建开放式字幕

开放式字幕又称对白字幕，是影视作品中人物对话的字幕，一般放置在屏幕下方。同时，它还是可以隐藏的字幕，又称为 CC（closed caption）字幕，适合为视频批量添加字幕。

步骤 1：在"项目"面板的空白位置单击新建项按钮 ▤，在弹出的快捷菜单中执行"字幕"命令，或者执行菜单"文件"→"新建"→"字幕"命令，弹出"新建字幕"对话框，在标准下拉列表中选择"开放式字幕"选项，如图 9-44 所示。

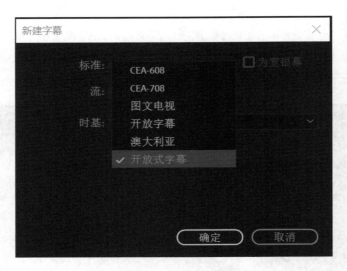

▲ 图 9-44　新建字幕

CEA-608、CEA-708 主要是美国和加拿大使用，图文电视主要是欧洲国家使用，中国一般使用开放式字幕。

步骤 2：在"新建字幕"对话框中设置视频宽度和高度等参数，单击"确定"按钮即可创建一个开放式字幕，创建的字幕将自动生成在"项目"面板中，如图 9-45 所示。

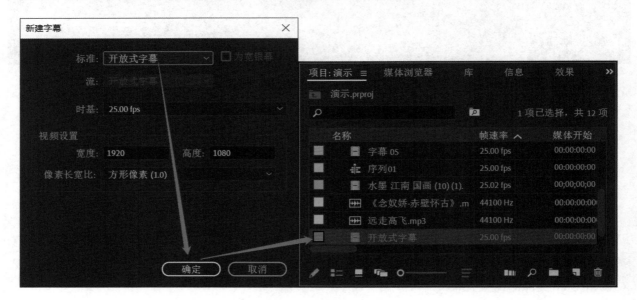

▲ 图 9-45　新建开放式字幕

步骤 3：在"项目"面板中双击"字幕"对象，可以打开"字幕"面板，在字幕文字框中显示"在此处键入字幕文本"，同时在"源监视器"面板中也可以看到同样的字幕输入框，如图 9-46 所示。

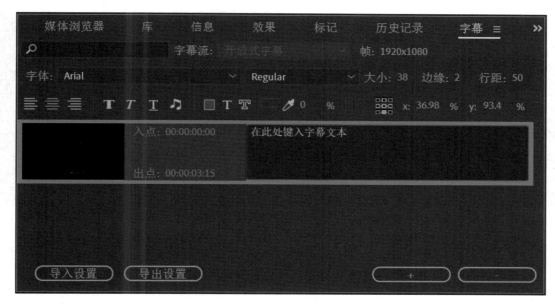

▲ 图 9-46　开放式字幕面板

9.4.2 修改字幕文本

步骤 1：将开放式字幕拖动至时间轴窗口序列的 V2 视频轨道上，将字幕长度拉至与视频素材同样长度，如图 9-47 所示。

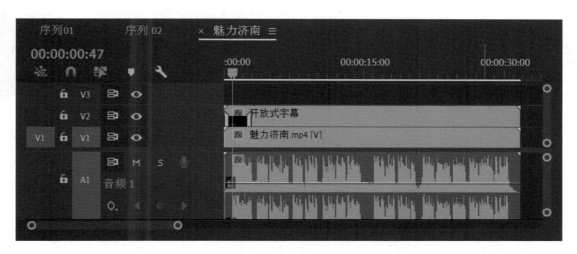

▲ 图 9-47　时间轴序列显示开放式字幕

步骤 2：双击"开放式字幕"，在"字幕"面板中输入文字"老济南依泉而建"，在"节目监视器"面板中可以同时看到输入的文字，如图 9-48 所示。

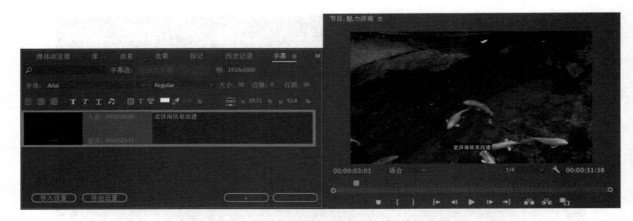

▲ 图 9-48　输入开放式字幕

　　步骤 3：设置文字"字体"为"黑体"，"大小"设置为"55"，选择"对齐方式"为"居中"，将背景颜色的"不透明度"设置为"0"，"边缘"颜色设置为"黑色"，参数设置为"5"，效果如图 9-49 所示。

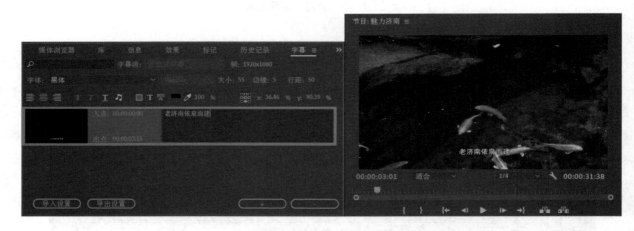

▲ 图 9-49　修改文本属性

　　步骤 4：打开时间轴序列的 A1 轨道，展开波形显示，播放预览，根据解说词的断句，将字幕开始位置和结束位置分别对应解说词开始和结束，如图 9-50 所示。

▲ 图 9-50　字幕与解说词对齐

步骤 5：在"字幕"面板中单击"+"号添加字幕，在第二个字幕中输入文字"淙淙细流历千年而不绝"，文字属性与前面设置一致，如图 9-51 所示。

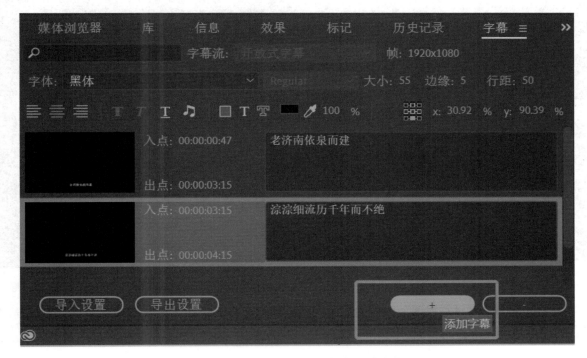

▲ 图 9-51　添加开放式字幕

步骤 6：打开时间轴序列的 A1 轨道，展开波形显示，播放预览，根据解说词的断句，将第二句的字幕开始位置和结束位置分别对应解说词开始和结束，如图 9-52 所示。

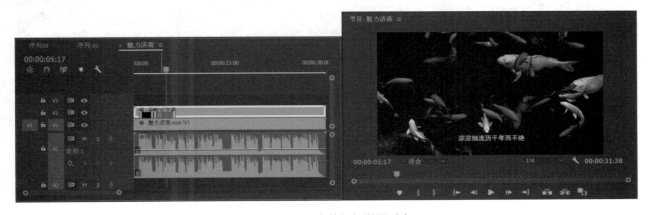

▲ 图 9-52　字幕与解说词对齐

步骤 7：重复步骤 5 和步骤 6，依次为视频添加对应的字幕，直至视频结束，当解说词中间有断开时，可以移动字幕的开始位置和结束位置，使中间断句位置为空，如图 9-53 所示。

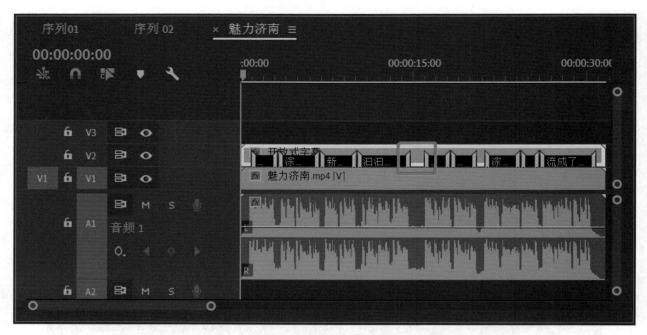

▲ 图 9-53　断开空白位置

步骤 8：单击"节目监视器"面板的播放按钮，预览字幕的添加效果，如果有不对应的位置，可以进行微调，最终效果如图 9-54 所示。

▲ 图 9-54　预览效果

第 10 章

音频编辑

| 知识目标 |

（1）理解频率、采样率、比特率等有关音频专业术语。

（2）理解音频剪辑的基本参数含义。

| 能力目标 |

（1）熟练掌握音频剪辑的基本方法。

（2）熟练掌握"音频剪辑"面板的功能及操作。

（3）熟练掌握音频录制的方法。

| 素质目标 |

　　通过对音频编辑知识的系统学习，理解整体设计对作品创作的重要意义，培养精益求精、认真细致的职业精神，提高自身反思能力，树立创作精品的责任意识。

| 本章概述 |

　　音频编辑是 Premiere Pro CC 中不可缺少的功能。影视作品是视觉与听觉的结合，无论是旁白说明、背景音乐还是效果音，只有声音与影像完美结合，才能使影片产生力量。因此，视听效果合成将直接影响到影片内容的呈现。在处理视频时，需要根据画面的表现，通过背景音乐和旁白说明等有效的音频控制来加强主题的表现力。

　　Premiere Pro CC 虽然不是专业处理音频的软件，但也提供了较为完善的音频编辑功能，与处理视频轨道一样，其音频处理能力也极其强大。Premiere Pro CC 的音频编辑与视频编辑类似，可以对音频文件进行各种编辑处理，添加各种音频特效，输出多声道的音频文件等。

　　本章主要学习 Premiere Pro CC 中有关音频的基础知识，音频素材剪辑的基本方法，"音频剪辑"面板的功能，实现音频素材的基本剪辑处理。影视作品中的声音是影视"声画艺术"特性的重要组成部分，也是其区别于其他艺术门类的重要特征之一。因此，掌握视频编辑中对声音的处理，不仅可以使影视作品中的声音丰富多彩，而且能够以无与伦比的感染力征服观众。

| 案例导入 |

　　电视剧《山海情》讲述了 20 世纪 90 年代以来，西海固的移民们在国家政策的号召下、福建的对口帮扶下，不断克服困难，将飞沙走石的"干沙滩"建设成寸土寸金的"金沙滩"的故事。《山海情》以朴实、接地气的叙事风格，温情细腻的视角，描绘出扶贫路上一个个鲜活生动的故事和人物。画面中高度还原人物造型，展现了 20 世纪 90 年代贫困生活状态与自然地域特征的原生态，全面立体地再现了故事所处的环境。剧中西北方言的使用更加突出了西北人淳朴勤劳、自强不息的特质，为剧中西北地域的生活质感带来了"灵魂"，不仅展现出浓郁的地域文化，也让观众感受到主流题材影视作品在创作细节上的精雕细琢。

10.1　音频基础知识

10.1.1 频率

频率是声波在一秒内完成周期性振动变化的次数。比如，一个每秒钟周期性振动 100 次的声波，它的频率就是 100 Hz。一般情况下，人耳听觉的声波频率范围为 20 Hz ~ 20 kHz，超出这个范围的声波人耳就无法察觉。其中，20 Hz ~ 200 Hz 为低频区，200 Hz ~ 5 kHz 为中频区，5 kHz ~ 20 kHz 为高频区。

10.1.2 振幅

振幅是指声波波形离开零位线的距离，用来指示音量。波形距离零位线越远，音量越大，反之，音量越小。振幅在声波中的计量单位是 dB（分贝）。

10.1.3 采样率

采样率是指录音设备在一秒钟内对声音信号的采样次数，单位为 Hz（赫兹），采样率越高，声音的还原就越真实自然，声音的播放效果越好。Premiere Pro CC 在新建序列时提供了音频采样率，通过设置选项卡中的自定义，用户可以设置音频采样率，如图 10-1 所示。采样率常见的设置有 32 kHz、44.1 kHz 和 48 kHz 等，48 kHz 的采样频率可以达到 CD 音质效果。

▲ 图 10-1　音频采样率

10.1.4 比特率

比特率是指每秒传送的比特数，单位为 bit/s。比特率越高，传送数据的速度越快，比特率是衡量音频质量的一个指标。声音中的比特率与视频比特率相同，都是指由模拟信号转换为数字信号后单位时间内的二进制数据量。声音的比特率类似于图像比特率，高比特率可以生成更流畅的声波，就像高图像分辨率能生成更平滑的图像一样。

10.1.5 音频类型

在 Premiere Pro CC 的自定义设置中，用户可以根据需要新建 4 种类型的音频轨道，如图 10-2 所示，每一种类型都有声道数和对应的音频轨道设置。

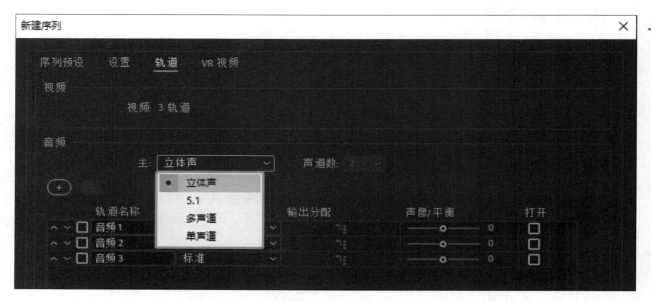

▲ 图 10-2　设置音频轨道

立体声包括左右两个声道，改变了单声道缺乏对声音位置定位的状况，是应用比较广泛的声音类型。立体声在录制音频时使用左右两个声道系统进行录制，在播放音频时左右声道有变化，可以播放出有立体音效的声音，这种技术可以使听众清晰地分辨出各种乐器来自何方。

5.1 包括左右两个主声道、中置声道、左后右后两个环绕声道和一个独立的超低音声道。由于超低音声道仅提供 100 Hz 以下的超低音信号，所以该声道记作 0.1 声道。播音频放时，5.1 声道能产生强烈的现场感，声音效果更加具有震撼力。

多声道模拟一个 3D 声音环境，声音效果更接近自然界的声音。

单声道的音频素材只包含一个声道，是比较原始的声音复制形式，即使使用双声道扬声器播放时，两个声道的声音也是完全一样的。

10.1.6 音频格式

常用的音频格式主要有 WAV 和 MP3 两种。WAV 是音质最接近无损的音频格式，所以文件大小相对也比较大，而 MP3 是一种音质有损的数据压缩格式，文件占用空间小，因此比较适用于网络传输和移动设备的存储。

10.2　音频剪辑基本操作

在 Premiere Pro CC 中可以进行音频参数设置，设置音频声道格式。当需要使用多个音频素材时，还可以添加音频轨道。

10.2.1 设置音频参数

单击菜单"编辑"→"首选项"→"音频"，在打开的"音频"选项对话框中可以对音频素材属性的使用进行一些初始设置，如图 10-3 所示。

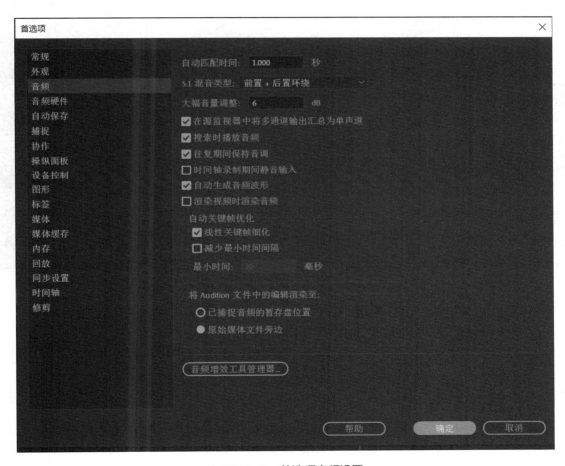

▲ 图 10-3　首选项音频设置

同样，单击菜单"编辑"→"首选项"→"音频硬件"，可以对默认输入和输出的音频硬件设置进行选择，如图 10-4 所示。

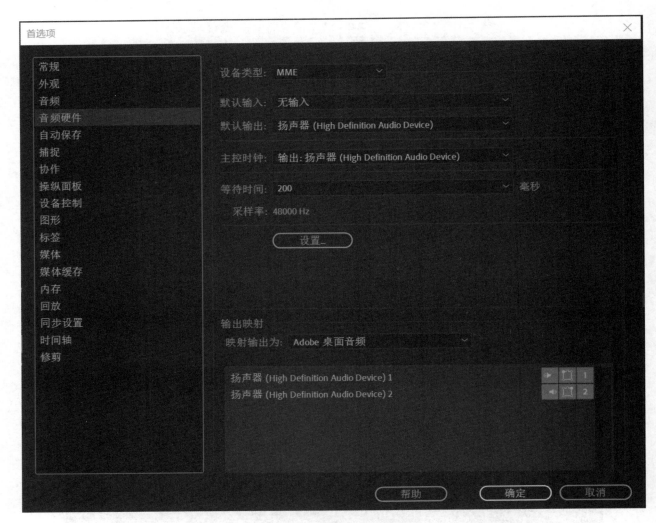

▲ 图 10-4　首选项音频硬件设置

10.2.2 选择音频声道

　　如果想要将立体声文件转换为其他声道文件，可以在"项目"面板中右击音频，选择"剪辑"→"修改"→"声频声道"，弹出"修改剪辑"对话框。在默认情况下，左右声道都是勾选的，取消左声道的勾选，就可以将这个音频文件转换成只有右声道的单声道文件，也可以在"剪辑声道格式"单击下拉列表，选择需要修改的音频声道，如图 10-5 所示。

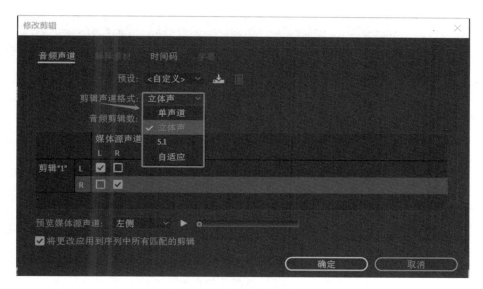

▲ 图 10-5　修改音频声道对话框

在"项目"面板中，可以看到音频素材已经被修改为对应的声道，如图 10-6 所示。

▲ 图 10-6　音频声道映射显示

10.2.3 添加 / 删除音频轨道

音频轨道主要用于编辑音频文件。默认情况下，音频轨道由 3 条音频轨道和 1 条主声道组成，如图 10-7 所示。

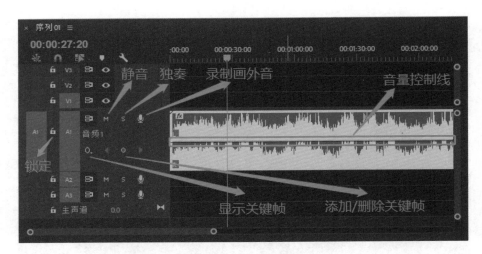

▲ 图 10-7　音频轨道

　　单击时间轴序列中音频 A1 中轨道的"M"选项，可以将 A1 轨道静音，只播放其他轨道的声音；单击"S"选项表示独奏，即其他轨道的声音静音，只播放 A1 轨道的声音；单击麦克风标志🎤，可以进行录音，录音文件放置在当前轨道的时间指针位置处。默认情况下，中间的这条线就是音量控制线，控制音量级别，向上增大音量，向下减小音量。通过添加关键帧工具，可以在音量控制线上添加关键帧控制点，实现声音的淡入淡出效果，如图 10-8 所示。

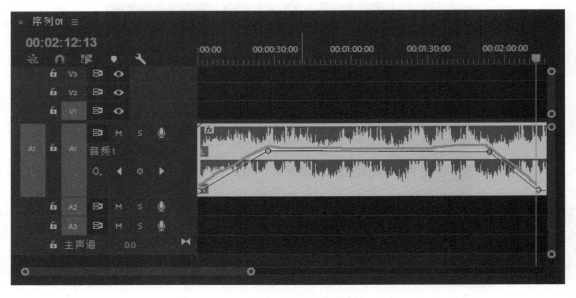

▲ 图 10-8　添加音量关键帧

　　在音频素材编辑过程中用户可以根据需要对现有的音频轨道和素材进行添加和删除操作，还可以对每个音频轨道上的素材进行关键帧设置，操作方法与视频编辑类似。

1. 添加音频轨道

　　单击菜单"序列" → "添加轨道"，在打开的"添加轨道"对话框中可以设置添加音频轨道的数量，单击"轨道类型"的下拉列表，在其中可以选择添加的音频轨道类型，如图 10-9 所示。

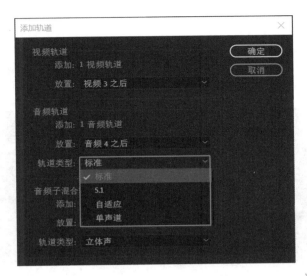

▲ 图 10-9　添加音频轨道

（1）标准：标准音轨可以同时容纳单声道和立体声音频剪辑。

（2）5.1：5.1 声道音轨包含了三条前置音频声道（左声道、中置声道、右声道），两条后置或环绕音频声道（左声道、右声道）和一条超重低音音频声道。在 5.1 声道音轨中只能包含 5.1 音频素材。

（3）自适应：自适应音轨只能包含单声道、立体声和自适应素材。对于自适应音轨，可根据对工作流程效果最佳的方式，将源音频设置至输出音频声道。处理摄像机录制多个音轨的音频时，这种音轨类型非常有用，处理合并后的素材或多机位序列时也可使用这种音轨。

（4）单声道：单声道音轨包含一条音频轨道，如果将立体声音频添加到单声道轨道中，立体声音频素材通道将由双声道轨道汇总为单声道。

2. 删除音频轨道

单击菜单"序列"→"删除轨道"，在打开的"删除轨道"对话框中可以删除音频轨道，单击"所有空轨道"下拉列表，在其中可以选择要删除的音频轨道，如图 10-10 所示。

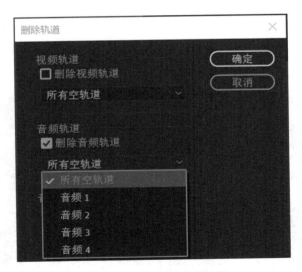

▲ 图 10-10　删除音频轨道

10.2.4 添加剪辑音频素材

音频素材的添加剪辑与视频素材的添加剪辑处理一样，可以直接将音频素材拖动至时间轴序列的音频轨道上，所有的操作步骤都与视频剪辑类似，如图 10-11 所示，这里不再赘述。

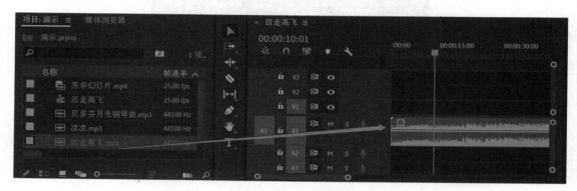

▲ 图 10-11　导入音频到序列音频轨道

10.3　"音频编辑"面板

Premiere Pro CC 的"声音"面板是一个多合一的面板，集合了音量控制、声音修复等多种功能，用于音频的优化，可以使音频达到良好的混音效果。在进行音频编辑之前，首先将工作界面由默认的编辑模式切换到音频模式。

10.3.1 音频波形

当音频素材导入"项目"面板后，双击音频文件，可以直接在"源"面板中看到音频的波形，如图 10-12 所示。大多数情况下，用户下载的音频素材都是立体声文件，也就是常说的双声道，在"源"面板的左侧可以看到 L、R 标志，其中 L 代表左声道，R 代表右声道。拖动左、右声道右侧的滑块，可以放大或缩小音频波形。

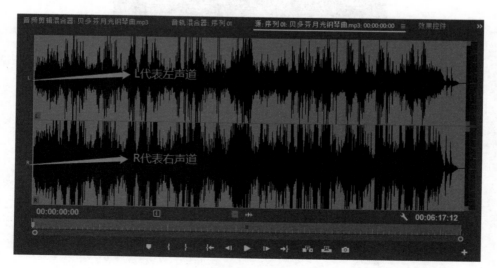

▲ 图 10-12　音频波形

10.3.2 音频剪辑混合器

"音频剪辑混合器"面板中的音频轨道与时间轴序列上的音频轨道是相对的，在"音频剪辑混合器"面板中可以对音频轨道进行相关控制，如图 10-13 所示。

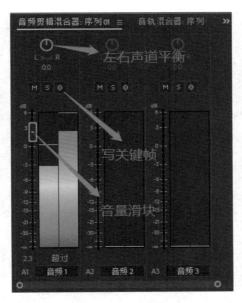

▲ 图 10-13　音频剪辑混合器

左右声道平衡控件：在默认情况下，采用立体声播放时会同时播放左右声道的声音，如果向右滑动旋钮，可以观察"音频 1"的电平指示，左声道的声音逐渐减小，当滑动到 100 时，相当于关闭左声道的声音，此时只能听到右声道的声音；向左滑动旋钮则是降低右声道的声音，当滑动到 100 时，相当于关闭右声道的声音，此时只能听到左声道的声音。

写关键帧：激活写关键帧按钮，单击播放，通过推动音量滑块改变音量，停止播放后，在时间轴序列的音频轨道上，可以看到根据滑块调节自动生成的多个关键帧，如图 10-14 所示。

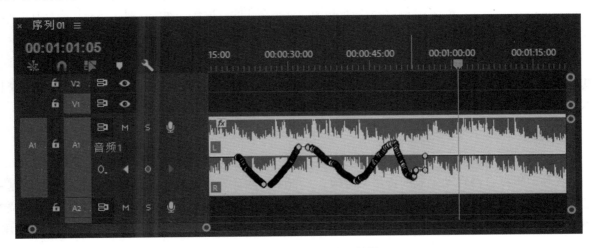

▲ 图 10-14　自动生成关键帧

10.3.3 音轨混合器

音轨混合器与音频剪辑混合器大体相同，不同的是音轨混合器在最后的地方增加了一个主声道，就是将前面的声道音频进行汇总输出，如图 10-15 所示。

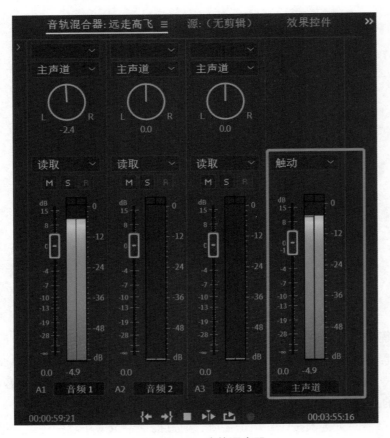

▲ 图 10-15　音轨混合器

虽然音轨混合器与音频剪辑混合器的面板功能图标基本相同，但在具体操作时，两者仍然存在不同。

1. 左右声道平衡控件

音频剪辑混合器对平衡控件所做的改变，只针对这条轨道上所选择的单个剪辑素材，当前音频上的其他素材并不受影响，而音轨混合器对平衡控件所做的改变，是针对音频轨道上的所有剪辑素材，而不只是单纯地针对所选素材进行改变。

2. 关键帧写入

音轨混合器的模式也可以实现音量关键帧的自动写入，但与音频剪辑混合器的关键帧写入的差别在于：音频剪辑混合器自动生成的音量关键帧，当删除当前音频素材后，音量关键帧也会被自动删除，但音轨混合器自动写入的音量关键帧，即使将当前的音频剪辑删除，音量关键帧依然保留在当前位置，如图 10-16 所示。如果要删除这些音量关键帧，可以选择钢笔工具，左手按住"Ctrl"键，右手用鼠标框选中所有音量关键帧，按"Delete"键进行删除。

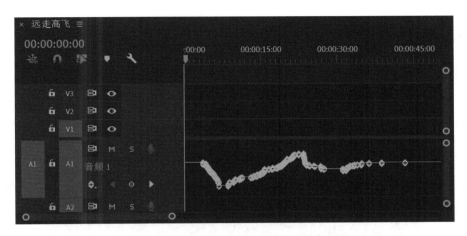

▲ 图 10-16　音轨混合器自动写入的关键帧

10.3.4 音频效果控件

在"效果控件"面板中可以看到关于音频的参数选项。

1. 音量

可以在"级别"设置中调节音量选项数值改变音频的整体音量，还可以通过添加关键帧控制音量的变化。选择某一个关键帧，单击右键可以改变当前关键帧的属性状态，如图 10-17 所示。也可以通过选择钢笔工具，在时间轴序列上添加关键帧，按住"Ctrl"键可以切换到转换点工具，再按住鼠标左键并拖动可以转换成贝塞尔曲线，使音量有个平滑的过渡，选择移动工具，可以移动关键帧的位置。音量级别上面的"旁路"可以控制下面的级别设置是否起作用，如果勾选"旁路"复选框，则添加一个关键帧，此时就没有了音量的变化效果。

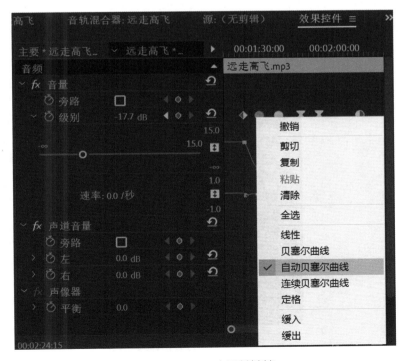

▲ 图 10-17　音量关键帧

2. 声道音量

声道音量的调节方法与音量控制一样，只不过针对的是指定声道的音量变化。

3. 声像器

声像器与音频剪辑混合器控件的调节功能一样，也可以通过添加关键帧控制左右声道的平衡。时间轴序列中音频素材的中间线对应的是音量级别，右击 *fx* 可以看到 3 个选项，与"效果控件"面板中的相对应，如图 10-18 所示。

▲ 图 10-18　声道音量

10.3.5 添加音频过渡和音频效果

音频素材与视频素材一样，也可以通过添加音频过渡和音频效果的方式对音频素材进行处理。Premiere Pro CC 将部分音频过渡和音频效果与视频效果和视频过渡一起放置在"效果"面板中，如图 10-19 所示。操作步骤与处理视频一样，展开相应音频文件夹就可以直接拖动所需效果到音频素材上，通过"效果控件"面板进行参数调节。

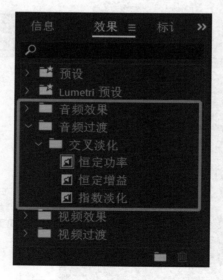

▲ 图 10-19　音频过渡和音频效果

1. 音频效果

下面介绍一些常用音频效果的功能。

（1）平衡：主要用于平衡立体声的左右声道，正值用于调整右声道的平衡值，负值用于调整左声道的平衡值。

（2）带通：用于消除特定音频频率范围之外的其他频率，通过调节参数，设置被允许通过的频带范围。

（3）低音：用于增加或减少音频素材中低音频率的电平。

（4）声道音量：用于控制立体声中每个声道的音量。

（5）降噪：用于对噪声进行降噪处理，该特效能自动探测到素材中的噪声并自动消除噪声。

（6）延迟：用于产生延时效果，这种效果和回音效果比较类似。

（7）动态：用于调整音频信息，可以对音频素材进行非常细致的调节，是一个功能非常强大的特效。

（8）均衡器：通过增加或减少特定中心频率附近的电平，来控制音质。

（9）填充左声道：用于复制音频素材右声道的内容，然后替换到左声道中并将原来左声道中的信息删掉。

（10）填充右声道：用于复制音频素材左声道的内容，然后替换到右声道中并将原来右声道中的信息删掉。

（11）高通：用于消除低于特定音频频率以下的频率，让高于特定音频频率的信号通过。

（12）低通：用于消除高于特定音频频率以上的频率，让低于特定音频频率的信号通过。

（13）多功能延迟：用于给原始素材提供最多四次的延迟效果，能够创造出多种回声效果与和声效果。

（14）参数均衡器：用于增加或减少设定中心频率附近的频率。

（15）去除嘶声：用于去除音频素材中某些高频杂音，参数主要用于设置嘶声去除的范围和方式。

（16）音高转换器：用于调整引入信号的音高，从而提高或降低原始素材的音高。

（17）反转：用于颠倒音频声道的声音相位。

（18）环绕声混响：用于让音频素材产生混音，模拟声音在某一环境中的环绕立体声效果。

（19）通道混合器：只用于立体声和 5.1 声道剪辑，用于调整左右两个声道的音频信息。

（20）高音：用于提高或降低高频（4000 Hz）的音量。

（21）低音：用于提高或降低低频（200 Hz）的音量。

2. 音频过渡

在 Premiere Pro CC 的"效果"面板中集合的"音频过渡"效果，共提供了 3 个交叉淡化过渡。音频过渡效果的使用与视频过渡效果一样，只需要将其拖动到音频素材的入点或出点位置，然后在"效果控件"面板中进行具体设置即可，默认的音频过渡效果是"恒定功率"，过渡效果如图 10-20 所示。

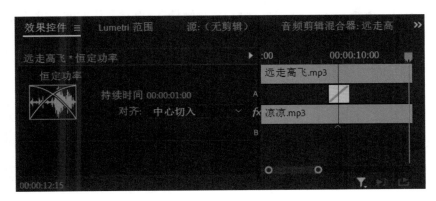

▲ 图 10-20　音频过渡效果

10.4 录制音频

在 Premiere Pro CC 中，用户可以使用轨道混合器录制音频，或者直接在时间轴中录制画外音。音频的录制主要有外录和内录两种。

10.4.1 音轨混合器录制音频

步骤 1：右击计算机右下角的扬声器图标，选择"声音"选项，在弹出的"声音"对话框中选择"录制"选项，确保已经连接到计算机的"麦克风"设备处于启用状态，如图 10-21 所示。

▲ 图 10-21　指定输入的音频设备

步骤 2：单击菜单"编辑" → "首选项" → "音频硬件"，设置默认的输入设备为"麦克风（High Definition Audio Device）"，单击"确定"，如图 10-22 所示。

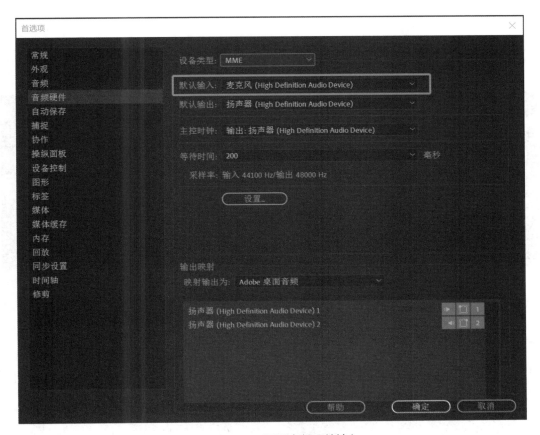

▲ 图 10-22　设置音频硬件输入

步骤 3：在音轨混合器中，单击轨道录制按钮 "R" 进行录制。如果要将声音录制到 A1 轨道，就开启 A1 轨道的录制准备，单击录制按钮 ◉，再单击播放按钮 ▶，这样就可以对照着视频画面开始录制画外音，如图 10-23 所示。

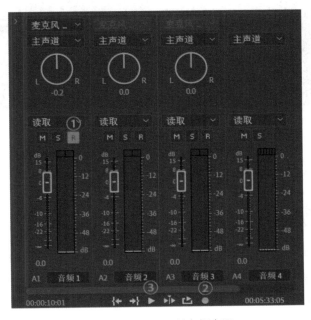

▲ 图 10-23　录制音频步骤

步骤 4：录制完成，单击停止按钮。这样就可以在"项目"面板中看到新创建的音频文件，音频文件类型为 WAV 文件，同时在时间轴序列的"音频 1"轨道上，可以看到录制的音频素材，单击播放按钮，可以试听录制的音频文件，如图 10-24 所示，这是使用音轨混合器录制音频的方法。

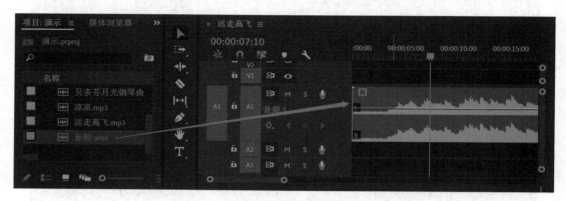

▲ 图 10-24　显示录制音频

10.4.2 音轨中录制音频

步骤 1：在音频轨道的标头中，单击画外音录制按钮🎤，"节目监视器"面板中会出现倒计时提示，提示完成后在时间轴序列的起始位置开始录制，如图 10-25 所示。

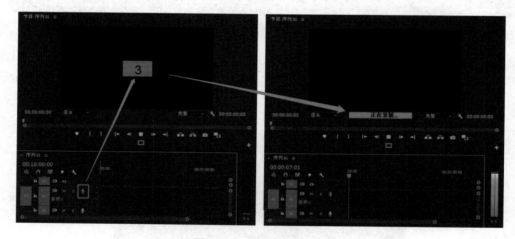

▲ 图 10-25　启动画外音录制

步骤 2：结束录制后，可以单击停止按钮或再次单击画外音录制按钮。同时，在时间轴序列的音频轨道上，可以看到录制的音频素材，单击播放按钮，可以试听录制的音频文件。

10.4.3 录制系统的声音

除了外录之外，用户还可以直接录制系统声音，比如，用户无法通过下载的方式获取某一段电影中的经典对白或歌曲时，就可以采用内录的方法。

步骤 1：右击计算机右下角的扬声器图标，选择"声音"选项，在空白的位置右击，选择"显示禁用的设备"，启用"立体声混音"，将"麦克风"禁用，如图 10-26 所示。

▲ 图 10-26　指定输入的音频设备

步骤 2：单击菜单"编辑"→"首选项"→"音频硬件"，将"音频硬件"的输入设备改为"立体声混音（Realtek Audio）"，单击"确定"，如图 10-27 所示。

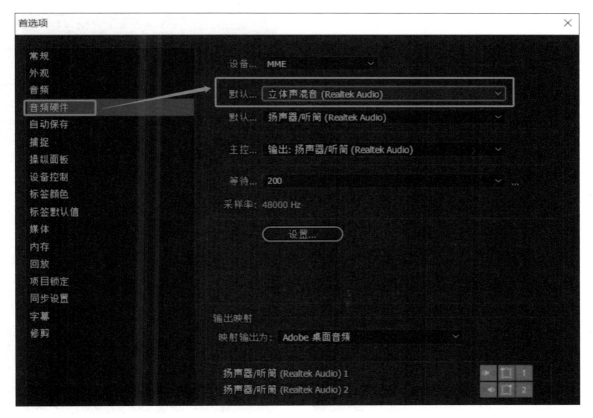

▲ 图 10-27　设置音频硬件输入

步骤 3：准备工作完成之后，就可以按照前面的方法录制系统内的声音。比如，想要录制电影《芳华》的片尾曲《绒花》，可以先进行录制准备，单击开始录制，然后播放电影中想要获取的声音素材，结束录制后，裁剪前面的静音即可。

这是在 Premiere Pro CC 录制音频的基本方法，但是 Premiere Pro CC 编辑音频的效果相对有限，如果用户想要深入掌握音频的编辑和特效处理，建议深入学习 Adobe 公司的另一款专业的音频编辑软件 Audition，将它与 Premiere Pro CC 进行动态链接，这样能得到更丰富、更清晰的声音效果，这部分知识点将在后续章节中进行讲解。

10.4.4 声音降噪

录制过程中由于环境的影响，录制完成的音频文件可能会有比较明显的噪声或者背景音。用户需要对录制完成的音频文件进行降噪处理。

步骤 1：选择录制生成的音频文件，进入音频编辑工作界面，在工作界面右侧会出现"基本声音"，选择"编辑"选项，会看到"预设"的 4 个选项：对话、音乐、SFX、环境，如图 10-28 所示。

步骤 2：一般情况下选择"对话"，因为音频大部分都是在模拟对话。单击"对话"之后，在"预设"中可以选择不同的场景，当选择"（默认）"时，在下方可以看到响度、修复、透明度等一系列可编辑选项，如图 10-29 所示。

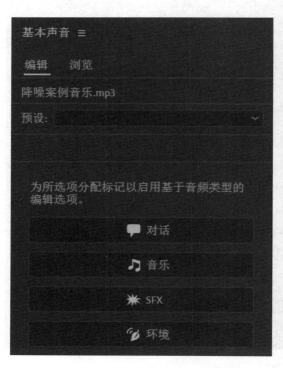

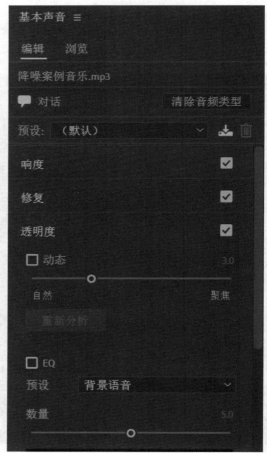

▲ 图 10-28　基本声音面板　　　　　▲ 图 10-29　选择对话组参数

步骤 3：单击"修复"，会出现减少杂色、降低隆隆声、消除嗡嗡声、消除齿音、减少混响参数选项。"减少杂色"就是减少噪声的含义，勾选"减少杂色"复选框，用户可以边调节降噪等级，边播放声音试听，以达到想要的降噪效果。除了减少杂色，还有降低隆隆声、消除嗡嗡声、消除齿音、减少混响等参数选项，用户可以根据声音的特性进行具体调节，调出相对干净、清晰的声音，如图10-30 所示。

▲ 图 10-30　选择修复组参数

第 11 章

渲染输出

11.1　项目渲染
11.2　项目输出
11.3　导出媒体

| 知识目标 |

（1）理解渲染输出的概念与作用。

（2）理解导出界面的基本参数含义。

| 能力目标 |

（1）熟练掌握正确的视频文件导出格式。

（2）熟练掌握正确的音频文件导出格式。

（3）熟练掌握正确的图像文件导出格式。

| 素质目标 |

　　通过本章学习，培养时刻关注影视行业最新发展动态和最新技术的好习惯，掌握视频编辑创作的基本方法；坚守正确的价值取向，明确影视创作的社会责任。

| 本章概述 |

在使用 Premiere Pro CC 进行视频编辑的过程中，如果要想看到实时的画面效果，就需要对工作区进行渲染。当完成项目的整体编辑后，需要先将完成的项目文件输出为影像格式的视音频文件，以便于保存、移动和播放，最后才可以清除硬盘中多余的原始文件素材。

本章主要讲解项目渲染和输出的操作方法及相关知识，包括项目渲染和生成、项目文件导出的格式、图片导出与设置、视频导出与设置、音频导出与设置等操作。音频导出与设置是视频编辑的最后一步，只有导出视音频文件之后，才能对工程和素材进行移动、删除等处理，选择不同的视频导出格式是本章的重点内容。

| 案例导入 |

2018 年 10 月 1 日，中央电视台 4K 超高清频道正式开播，已有广东、北京、上海等多省、市、区的有线电视网开通 4K 超高清频道。央视系列节目《远方的家》就将超高清镜头对准长江、运河、海岸线等中国各地，围绕行走、体验及发现的节目宗旨，录制赏美景、品美食，探寻人文奥秘、体验旅行乐趣，关注百姓民生和社会发展，引领公众选择旅游目的地和出行方式，展示中国的自然人文之美，弘扬深厚的中华文化等内容。景物逼真，画面、颜色丰富真实，是 4K 超高清影像的典型特征，4K 影像所营造的身临其境的观感使观众足不出户就能享受到影院般的体验。

11.1　项目渲染

渲染是在编辑素材过程中不生成视频文件，只浏览视频实际效果的一种播放方式。在编辑工作中，应用渲染可以检查素材切换，观看添加转场和特效后的实际效果。由于渲染播放时采用较低的画面质量，因此，视频渲染速度比输出速度快，便于随时对视频画面进行修改，提高编辑效率。

一般情况下，在对素材进行编辑时，"时间轴"面板的时间标尺会呈现黄线，只要单击播放按钮，就可以实时预览视频实际效果。但如果编辑的视频素材不能以正常帧速率播放，出现卡顿时，"时间轴"面板的时间标尺处就会出现红线提示，此时需要对红线区域进行渲染，当渲染结束后，视频画面则以流畅的帧速率播放，而"时间轴"面板的时间标尺处也将呈现绿线显示。

11.1.1 设置渲染文件的暂存盘

渲染项目时都会生成渲染文件，为提高渲染速度，应选择转速快、空间大的本地硬盘暂存渲染文件。单击菜单"文件"→"新建项目"→"暂存盘"，打开"新建项目"对话框，可以在"视频预览"和"音频预览"选项中设置渲染文件的暂存盘路径，如图 11-1 所示。

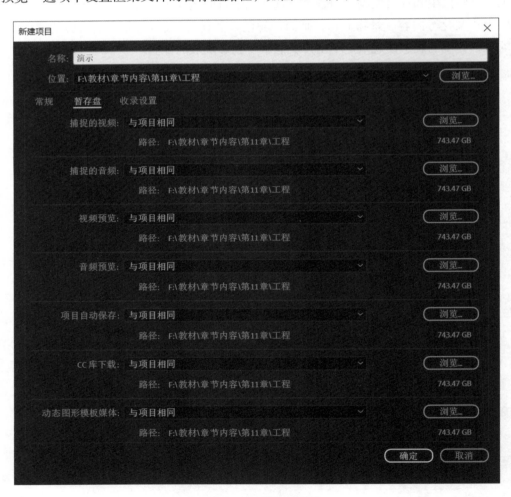

▲ 图 11-1　暂存盘设置

11.1.2 设置渲染入点和出点

　　当完成全部的视频编辑后，可以直接进行渲染，无须设置渲染入点和出点。而当"时间轴"面板的时间标尺处出现红线提示后，就需要设置渲染入点和出点。将时间轴序列红线提示的开始位置设置为入点，结束位置设置为出点，如图 11-2 所示，即设置需要渲染的序列区域。

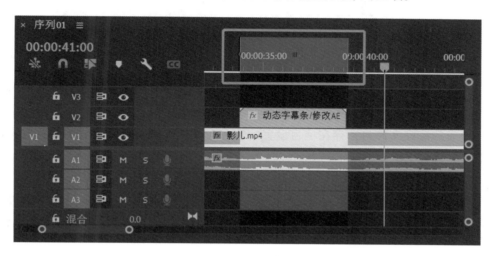

▲ 图 11-2　设置渲染区域

11.1.3 渲染与生成

　　步骤 1：单击菜单"序列（S）"→"渲染入点到出点"，弹出"渲染"进度条，即可渲染入点到出点的视频效果，如图 11-3 所示。

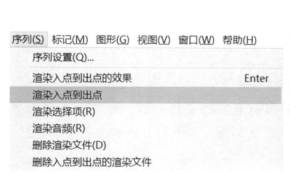 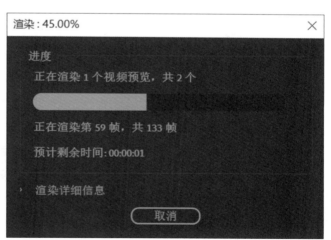

▲ 图 11-3　渲染入点到出点

　　步骤 2：当渲染文件生成后，"时间轴"面板的时间标尺处就会呈现绿线显示，表明相应视频素材片段已经生成了渲染文件，如图 11-4 所示。在"节目监视器"面板中，单击播放按钮，视频画面将以正常的帧速率播放。

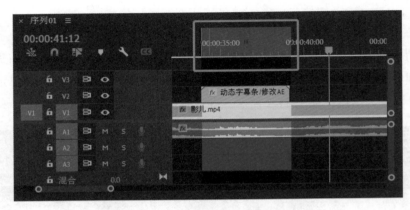

▲ 图 11-4　渲染后时间标尺呈现绿线显示

步骤 3：生成的渲染文件将暂存在项目设置的暂存盘文件夹中，打开设置的暂存盘文件夹，便可以看到渲染生成的所有文件，如图 11-5 所示。

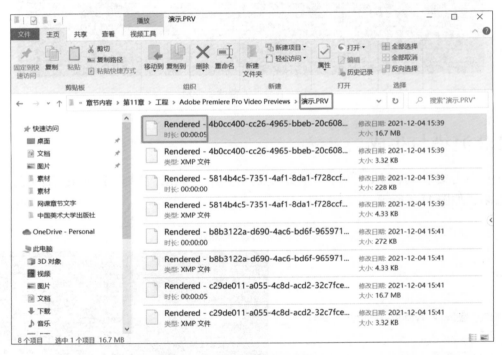

▲ 图 11-5　暂存盘文件夹

步骤 4：当有过多的渲染文件时，需要将之前多余的渲染文件删除，可以单击菜单"序列"→"删除入点到出点的渲染文件"，弹出"确认删除"警告框，如图 11-6 所示，单击"确定"即可删除所有关联的渲染文件。

▲ 图 11-6　删除渲染文件

11.2　项目输出

　　项目输出工作就是对编辑好的项目工程进行导出，将其发布为最终作品，能够脱离素材或者本机，在其他播放器或其他计算机终端进行移动和播放。

　　单击菜单"文件（F）"→"导出（E）"，可以在弹出的子菜单中选择导出的文件类型，如图 11-7 所示。

　　（1）媒体：用于导出影片文件，是常见的导出设置。

　　（2）动态图形模板：用于导出动态图形模板。

　　（3）字幕：用于导出字幕文件。

　　（4）磁带：导出到磁带中。

　　（5）EDL：将项目文件导出为 EDL 格式，导出设置如图 11-8 所示。EDL（编辑决策列表）是表格形式的列表，由时间码值形成的电影剪辑数据组成。

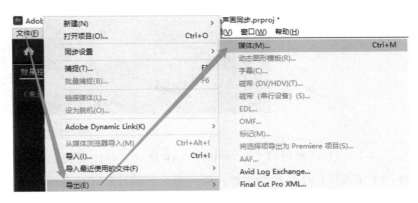

▲ 图 11-7　导出文件类型

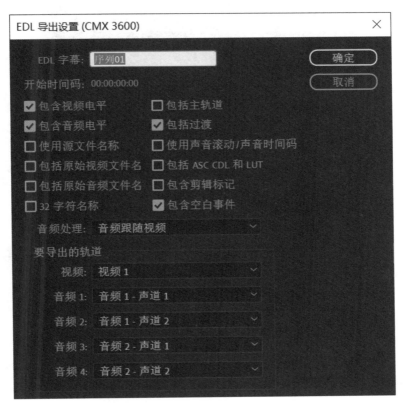

▲ 图 11-8　EDL 导出设置

（6）OMF：将项目文件导出为 OMF 格式，导出设置如图 11-9 所示。

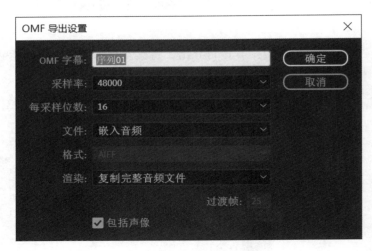

▲ 图 11-9　OMF 导出设置

（7）AAF：将项目文件导出为 AAF 格式，导出设置如图 11-10 所示。AAF（高级制作格式）是一种用于多媒体创作及后期制作，面向企业界的开放式标准格式。

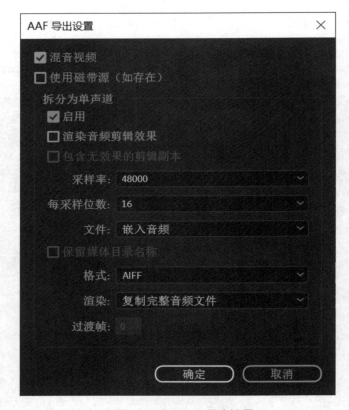

▲ 图 11-10　AAF 导出设置

（8）Final Cut Pro XML：将项目文件导出为 XML 格式。

11.3　导出媒体

11.3.1 导出媒体界面设置

当所有的剪辑和特效工作完成后，用户需要将序列渲染输出为媒体文件。单击菜单"文件"→"导出"→"媒体"，弹出"导出设置"对话框，如图 11-11 所示，通过设置导出参数，可以导出不同的媒体类型。

▲ 图 11-11　媒体导出设置

1. 预览视频效果

在"导出设置"对话框中，选择"源"选项卡可以预览源文件效果，选择"输出"选项卡可以预览基于当前设置的视频效果。

在"导出设置"对话框中选择"源"选项卡，然后选择"裁剪输出视频"工具，可以对画面进行裁剪，如图 11-12 所示。如果要使用像素精确地进行裁剪，可以单击左侧、顶部、右侧或底部数字，并输入精确的数值即可。如果想要更改裁剪的纵横比，可以单击"裁剪比例"下拉列表框，然后在下拉列表中选择"裁剪纵横"选项。

▲ 图 11-12　设置源预览视频效果

　　如果要预览裁剪的视频效果，可以选择"输出"选项卡，如果想缩放视频的帧大小与裁剪边框相适合，可以在"源缩放"下拉列表中选择"缩放以适合"选项，如图 11-13 所示。

▲ 图 11-13　设置输出预览视频效果

2. 设置输出内容

在"导出设置"对话框下方单击"源范围"下拉列表，在弹出的列表中可以选择要导出的内容是整个序列还是工作区域，如图 11-14 所示。

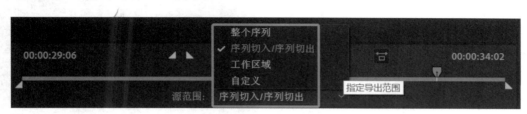

▲ 图 11-14　设置输出内容

3. 导出设置

在"导出设置"对话框右方的"导出设置"选项组，可以对导出文件设置媒体格式、名称，是否导出视频、音频等设置，单击"格式"列表框的下拉列表，在弹出的列表中可以选择导出项目的媒体格式，包括图片、视频和音频格式等，下方的"摘要"是对所设置输出序列的描述，如图 11-15 所示。

4. 设置选项卡参数

在"导出设置"的右下方是效果、视频、音频、多路复用器、字幕、发布等选项卡，展开其中某一选项卡，可以设置需要修改的参数，如图 11-16 所示。

（1）效果选项卡可以勾选并设置 Lumetri Look/LUT、SDR 遵从情况、图像叠加、名称叠加、时间码叠加、时间调谐器、视频限制器和响度标准化等。

（2）视频选项卡可以勾选并设置基本视频设置、编码设置、管理显示色域体积、内容光线级别、比特率设置、高级设置、VR 视频等。

（3）音频选项卡可以勾选并设置音频格式、基本音频设置、比特率设置等。

（4）多路复用器选项卡的基本设置包括多路复用器和流兼容性的选项设置等。

（5）字幕选项卡包括导出选项、文件

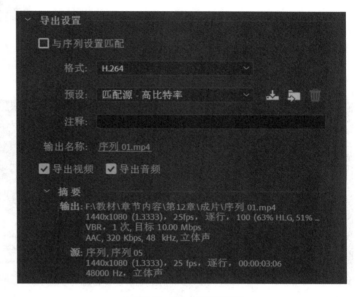

▲ 图 11-15　导出设置

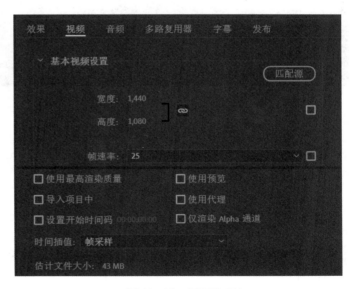

▲ 图 11-16　设置选项卡

格式和帧速率等设置。当序列中添加开放式字幕时，字幕选项卡被激活，可以设置导出不带字幕的视频，或者将字幕录制到视频选项，如图 11-17 所示。

（6）发布选项卡可以勾选设置 FTP、用户发布到远程服务器。

5. 队列与导出

选择"队列"选项，则启动与 Premiere Pro CC 相同版本的 Adobe Media Encoder 2022 软件。在 Adobe Media Encoder 2022 软件中可以同时导出多个序列，并且不影响用户在媒体文件导出时的其他工作，如图 11-18 所示。

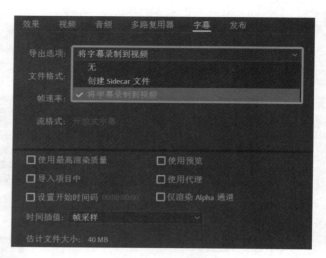

▲ 图 11-17　字幕选项卡

▲ 图 11-18　队列导出

选择"导出"选项，则是使用 Premiere Pro CC 自身直接导出设置序列，并保存媒体文件在指定位置。但在导出媒体文件时，用户无法再使用 Premiere Pro CC 进行其他工作，因此如果媒体文件导出时间过长，则建议用户选择队列导出。

11.3.2 导出视音频文件

如果想将编辑好的项目文件导出为视频对象，首先需要在"时间轴"面板中选择要导出的序列，然后再对其进行导出设置。下面以导出 *.mp4 视频文件为例进行演示。

步骤 1：单击"时间轴"面板中的"序列 01"将其选中，如图 11-19 所示。

▲ 图 11-19 选择导出序列

步骤 2：单击菜单"文件"→"导出"→"媒体"，弹出"导出设置"对话框。在"导出设置"对话框下方单击"源范围"下拉列表，选择要导出的内容为"整个序列"，在"选择缩放级别"的下拉列表中选择"适合"，如图 11-20 所示。

▲ 图 11-20 设置导出范围

步骤 3：在"导出设置"对话框右侧的"导出设置"中选择"格式"列表，导出的视频格式常用的是 H.264 和 QuickTime 两种，这里选择" H.264"。"预设"选项保持默认即可，导出的视频格式为 *.mp4。单击"输出名称"，修改输出的文件名称和存放位置。为方便用户快速定位到输出的媒体文件位置，一般情况下，可以在"工程"文件夹附近新建一个"成片"文件夹，将导出的视频文件保存在"成片"文件夹中，如图 11-21 所示。

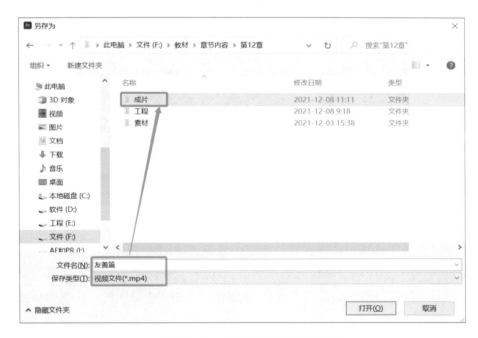

▲ 图 11-21 修改导出视频文件路径

步骤 4 ："导出视频""导出音频"复选框保持默认勾选状态，"摘要"是对输出参数的详细描述，如图 11-22 所示。

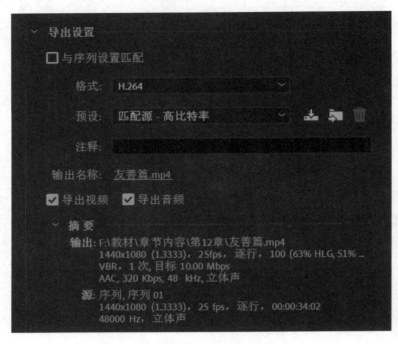

▲ 图 11-22 导出设置

步骤 5 ：展开"视频"选项卡，默认的"基本视频设置"与序列相匹配。如果用户需要调整输出参数，可以取消对应参数后面的勾选。比如，用户想要输出一个小尺寸的样片，可以取消视频宽度、高度后面的勾选，此时宽度和高度参数被激活，修改其中的"宽度"为"600"，画面就会等比例缩放，如图 11-23 所示。

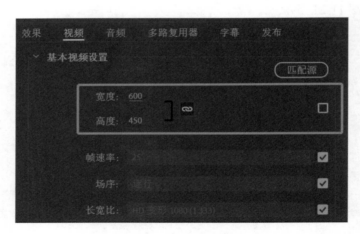

▲ 图 11-23 设置视频选项卡

步骤 6 ：展开"效果"选项卡，在视频的指定位置设置叠加水印以保护版权。勾选"效果"选项卡中的"图像叠加"，在"已应用"下拉列表中单击"选择"，在弹出的"选择图像"中，找到需要叠加的水印标志，设置"位置"为"右上"，分别设置偏移、大小和不透明度，在视频右上角的位置添加一张带标志的图像，如图 11-24 所示，选择"导出"，则可以直接输出带标志水印的视频样片。用户可以根据自身需要进行添加，如果没有特殊需要，效果和其他选项保持默认设置，不做修改即可。

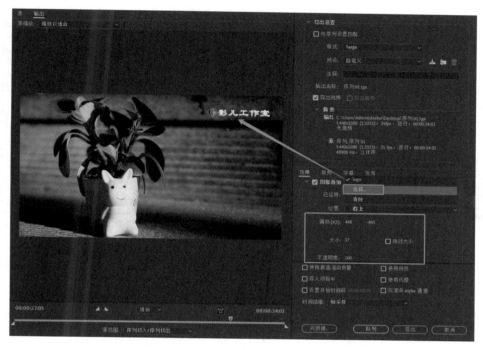

▲ 图 11-24　图像叠加 logo

步骤 7：取消"效果"选项卡的"图像叠加"勾选，切换回"视频"选项卡，单击"匹配源"，则视频的宽度和高度与序列设置相匹配，恢复至默认设置。如果输出的视频有文件大小要求，则需要注意比特率的设置。展开"视频"选项卡中的"比特率设置"，默认的"目标比特率"是"10"，对应的文件大小是 43MB，如果将"目标比特率"设置为"20"，对应的文件大小也将增大一倍，即目标比特率越高，文件就越大，当然视频也会越流畅清晰，如图 11-25 所示。但并不是说目标比特率越大，视频一定会越清晰流畅，它会有一个范围。如果用户输出的只是一个供其他人审阅的样片，除了加上水印，还可以将"目标比特率"的数值降低，设置为"3"左右即可满足观看需求，最大比特率一般不做修改。

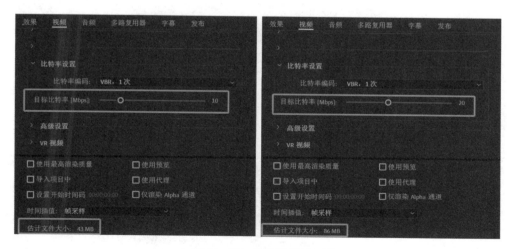

▲ 图 11-25　比特率设置对比

步骤 8：用户根据自身需要设置目标比特率后，单击"导出"按钮，系统会对设置的序列进行编码，编码完成后会将导出的视频文件保存到指定的文件夹中，如图 11-26 所示。

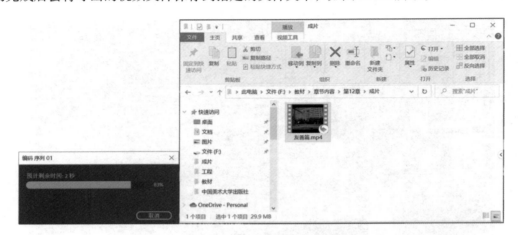

▲ 图 11-26　输出 mp4 文件

11.3.3 导出音频文件

由于 Premiere Pro CC 本身具备强大的音频编辑功能，因此可以单独导出音频文件。在输出音频文件时，用户可以根据需要进行选择输出。下面以输出 MP3 音频文件为例进行演示。

步骤 1：单击"时间轴"面板中的"序列 01"，选择菜单"文件"→"导出"→"媒体"，弹出"导出设置"对话框。在"导出设置"对话框右侧的"格式"下拉列表中选择"MP3"格式，音频格式常见的有 MP3 和波形音频（WAV）两种，如图 11-27 所示。

234

▲ 图 11-27　选择音频导出格式

步骤 2：在导出名称选项中，单击导出的名称，打开"另存为"对话框，设置存储文件的名称和路径，如图 11-28 所示。

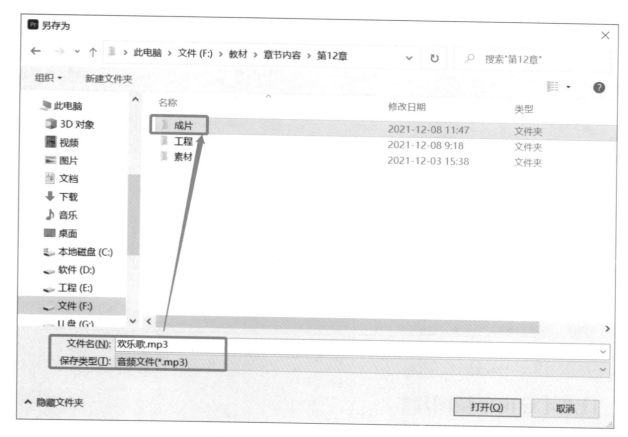

▲ 图 11-28　设置导出音频文件名称和路径

步骤 3：返回"导出"对话框，在"音频"选项卡中可以选择声道、音频比特率和编解码器质量，用户可根据实际需要进行选择，如图 11-29 所示。

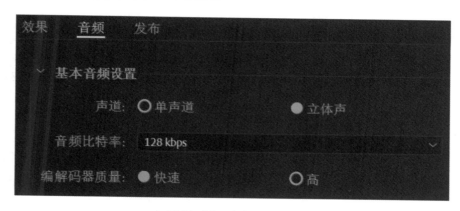

▲ 图 11-29　音频选项卡设置

步骤 4：单击"导出"按钮，导出的音频文件将保存到指定的文件夹中，如图 11-30 所示。

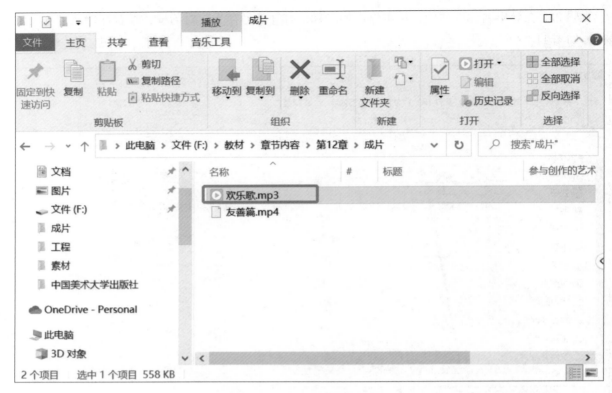

▲ 图 11-30　保存音频导出文件

11.3.4 导出单帧图片

在视频编辑过程中，有时候需要截取视频素材中的某一帧画面，用户可以通过输出单帧画面的方式，输出序列图片或者单帧图片。图像文件格式常见的有 BMP、GIF、JEPG、PNG、TGA 等。

下面以导出 JPG 静帧图像和 TGA 序列文件为例进行对比演示介绍。

1. 导出 JPG 静帧图像

步骤 1：选中"时间轴"面板中的"序列 01"，单击菜单"文件"→"导出"→"媒体"，弹出"导出设置"对话框。移动"导出设置"下方的滑块▨，定位到需要导出的静帧画面，在"导出设置"对话框右侧的"格式"下拉列表中选择"JPEG"格式，导出 JEPG 静帧图像，如图 11-31 所示。

▲ 图 11-31　选择静帧导出格式

步骤 2：在导出名称选项中，单击导出的名称，打开"另存为"对话框，设置存储文件的名称和路径。返回"导出"对话框，在"视频"选项卡中的"基本视频设置"中，取消"导出为序列"的勾选，如图 11-32 所示。

步骤 3：单击"导出"按钮，导出的静帧文件将保存到指定的文件夹中，如图 11-33 所示。

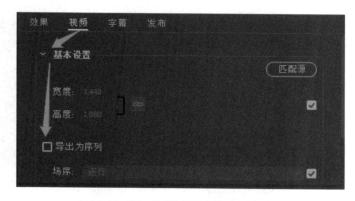

▲ 图 11-32　取消"导出为序列"设置

▲ 图 11-33　保存静帧导出文件

2. 导出 TGA 序列

步骤 1：选中"时间轴"面板中的"序列 01"，单击菜单"文件"→"导出"→"媒体"，弹出"导出设置"对话框。设置下方的入点位置和出点位置，定位到需要导出的序列范围，在"导出设置"对话框右侧的"格式"下拉列表中选择"Targa"格式，如图 11-34 所示。

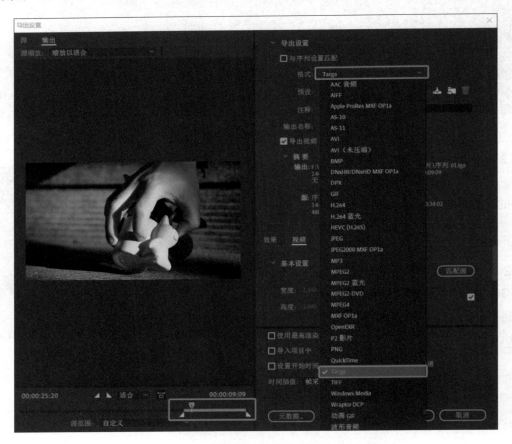

▲ 图 11-34　选择导出序列片段和 TGA 格式

步骤 2：在导出名称选项中，单击导出的名称，打开"另存为"对话框，设置存储文件的名称和路径。保存为序列文件时，注意要将文件保存在空白的文件夹中，防止导出的序列文件过多影响浏览，如图 11-35 所示。

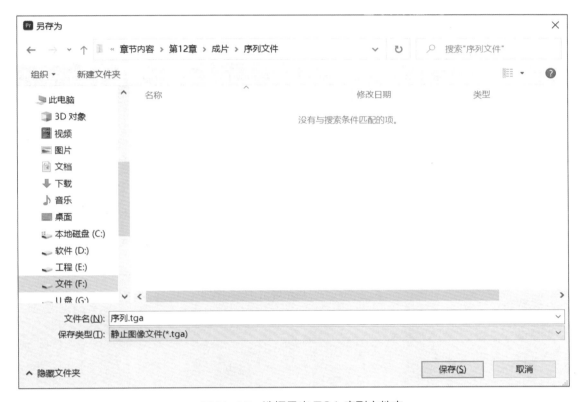

▲ 图 11-35　选择导出 TGA 序列文件夹

步骤 3：返回"导出"对话框，在"视频"选项卡中的"基本设置"中，勾选"导出为序列"，如图 11-36 所示。

▲ 图 11-36　勾选"导出为序列"

步骤 4：单击"导出"按钮，导出的序列文件将保存到指定的文件夹中，序列文件按照序号依次排列，如图 11-37 所示。

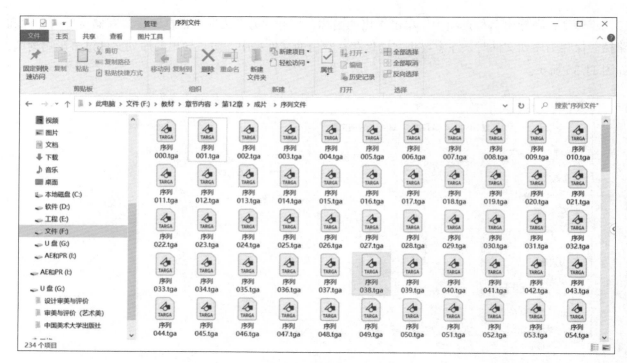

▲ 图 11-37　显示导出 TGA 序列

第 12 章

综合案例操作

| 知识目标 |

（1）了解数字视频编辑的基本工作流程。
（2）理解导出界面的基本参数含义。

| 能力目标 |

（1）熟练掌握正确的视频文件导出格式。
（2）熟练掌握正确的音频文件导出格式。
（3）熟练掌握正确的图像文件导出格式。

| 素质目标 |

通过典型案例的创作，提高综合实践的创造力，培养编辑工作的职业责任感和成就感，树立正确的价值观，激发自身的家国情怀和爱国主义精神。

| 本章概述 |

　　影视作品的拍摄多采用多机位拍摄的方式，如采访、晚会现场、人物对话、音乐和舞蹈拍摄等。多机位拍摄生成的多机位素材，在后期编辑时，可以利用多机位剪辑对素材进行编辑，这种方式既省时又省力，可以提高剪辑效率。多机位剪辑有一个标准化的工作流程，因此，遵循工作流程步骤很重要。

　　本章选择歌曲《歌唱祖国》的视频剪辑作为演示案例，对 Premiere Pro CC 数字视频编辑知识进行巩固和综合运用，从创建序列、素材导入与管理、编辑点选择、添加标记点、批量添加字幕等方面，演示案例的具体操作步骤，从而掌握具体的视频编辑技巧，在未来工作中可以做到举一反三。

| 案例导入 |

　　"我和我的祖国，一刻也不能分割，无论我走到哪里，都流出一首赞歌……"，每当听到这熟悉的旋律，每位中国人心中都会涌动着豪情。这首歌曲的主题 MV，串联起普通人的合唱，将优美动人的旋律与朴实真挚的歌词巧妙结合起来，表达了中国人民对伟大祖国的衷心依恋和真诚歌颂。作为一名合格的视频编辑，一方面，要能够综合运用所学视频编辑知识，创作出精美的视频作品；另一方面，也要能够将视频内容与情感表达结合起来，引起观众的共鸣。

12.1　创建多机位剪辑

步骤 1：新建一个项目文件，命名为"多机位剪辑"，在"项目"面板的空白区域双击，选择 4 段多机位素材，单击"打开（O）"，导入素材，如图 12-1 所示。

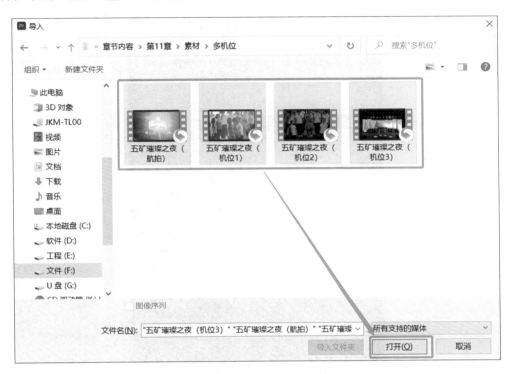

▲ 图 12-1　选择导入素材

步骤 2：在"项目"面板中同时选中 4 段多机位素材，单击鼠标右键选择"创建多机位源序列..."，如图 12-2 所示。

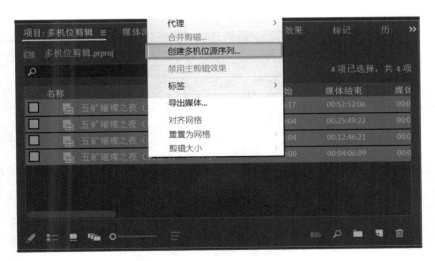

▲ 图 12-2　"创建多机位源序列..."命令

步骤 3 ：在弹出的"创建多机位源序列"对话框中，"同步点"设置为"音频"同步，"序列设置"选择"相机 1"，"摄像机名称"选择"枚举摄像机"，单击"确定"，如图 12-3 所示。

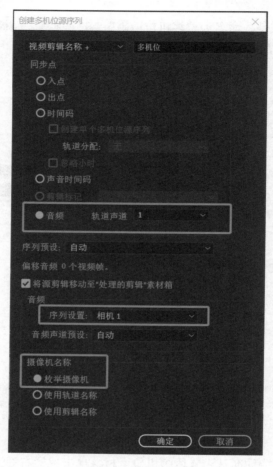

▲ 图 12-3　修改"创建多机位源序列"参数

步骤 4 ：在"项目"面板中，可以看到处理的剪辑素材和生成的多机位序列，如图 12-4 所示。

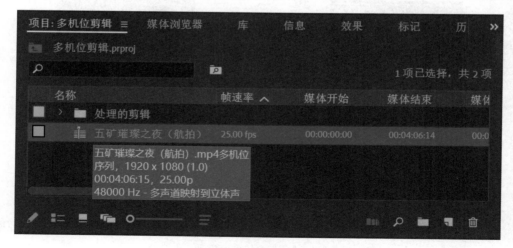

▲ 图 12-4　生成的多机位序列

步骤 5：选中生成的多机位序列，直接拖动到"时间轴"面板中，如图 12-5 所示。

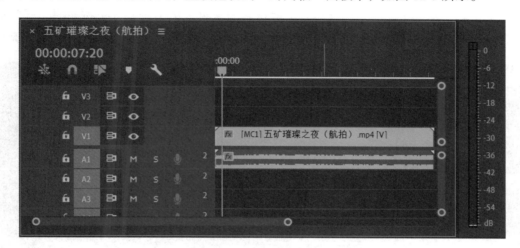

▲ 图 12-5　显示多机位序列

步骤 6：在"节目监视器"面板中要有录制开关 ◯ 和多机位视图 ▦▢，如果没有，需要单击"节目监视器"面板右下方的按钮编辑器 ➕，将录制开关和多机位视图直接拖动到"节目监视器"面板的按钮栏中，如图 12-6 所示。

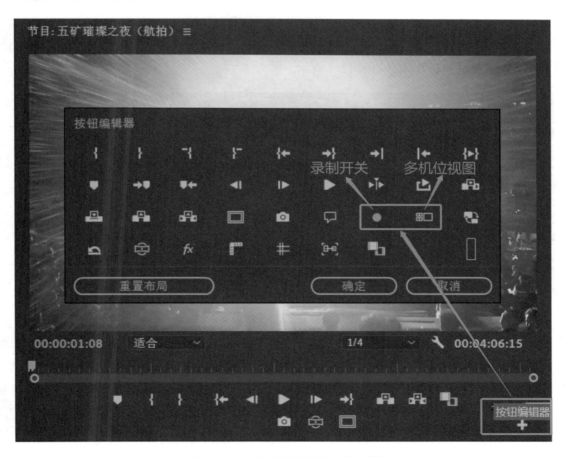

▲ 图 12-6　添加录制开关和多机位视图

步骤7：单击多机位视图，将"节目监视器"面板切换为"多机位监视器"面板，"多机位监视器"面板的左侧显示4段多机位素材，右侧则显示剪辑后的素材。单击录制开关按钮█，再单击播放按钮█，根据音频声音在监视器窗口中选择相应的视频素材，依次进行单击选择，如图12-7所示。

▲ 图12-7 多机位序列操作步骤

步骤8：当录制结束之后，单击停止播放按钮，完成多机位剪辑录制。结束之后，在时间轴序列中可以看到多个素材的剪辑片段，如图12-8所示。

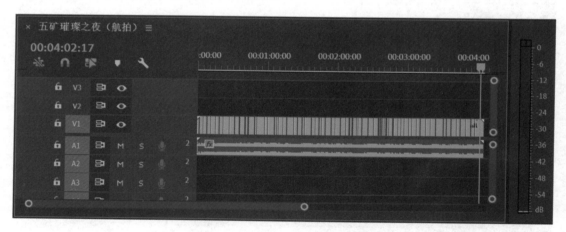

▲ 图12-8 完成多机位剪辑录制

步骤9：关闭多机位视图显示，在"节目监视器"面板中单击播放按钮，预览多机位剪辑效果。如果发现视频中出现不稳定素材或者想要替换素材片段，可以将时间指针移到出现问题的素材位置，重新按照前面的步骤进行录制，或者将时间轴显示放大，精确找到出现问题的素材片段，单击删除，将后面素材的编辑入点前移，填充到空白区域。在预览中可能需要进行多次视频回放，将一些有问题的画面进行剔除或者替换，完成多机位剪辑，直至达到最佳效果。

12.2 添加标记

音乐电视或带歌词的音乐需要在画面中添加字幕，通过添加标记点，可使字幕与声音精确对应。Premiere Pro CC 的标记点设置通过在素材或时间轴上添加一个醒目的位置标记，方便用户快速准确地找到所标记的位置。在添加标记点之前，用户需要反复试听音乐，熟悉每句歌词出现的大致时间点，以便于一边播放音乐一边打标记，添加标记点的快捷键是"M"键。

步骤 1：单击菜单中的"标记（M）"，可以看到标记入点、出点选项，两者分别对应节目监视器中的编辑入点和出点位置，添加标记对应添加、跳转、清除和编辑标记点等，如图 12-9 所示。

步骤 2：在"时间轴"面板中，移动时间指针到音乐最开始的位置，选择菜单"标记（M）"→"添加标记"，可以看到在"时间轴"面板上添加了一个标记，如图 12-10 所示。

标记(M) 图形(G) 视图(V) 窗口(W) 帮助(H)	
标记入点(M)	I
标记出点(M)	O
标记剪辑(C)	X
标记选择项(S)	/
标记拆分(P)	>
转到入点(G)	Shift+I
转到出点(G)	Shift+O
转到拆分(O)	>
清除入点(L)	Ctrl+Shift+I
清除出点(L)	Ctrl+Shift+O
清除入点和出点(N)	Ctrl+Shift+X
添加标记	M
转到下一标记(N)	Shift+M
转到上一标记(P)	Ctrl+Shift+M
清除所选标记(K)	Ctrl+Alt+M
清除所有标记(A)	Ctrl+Alt+Shift+M
编辑标记(I)...	
添加章节标记...	
添加 Flash 提示标记(F)...	
✓ 波纹序列标记	
复制粘贴包括序列标记	

▲ 图 12-9 添加标记

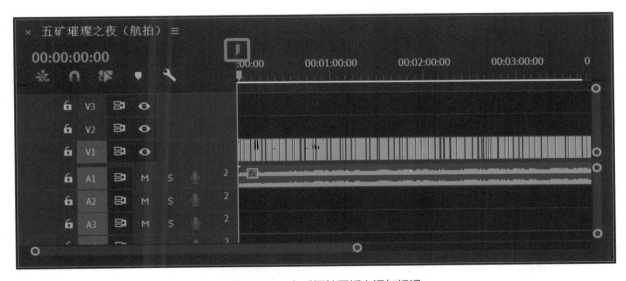

▲ 图 12-10 在时间轴面板上添加标记

步骤 3：单击"节目监视器"面板中的播放按钮，在歌词开始和结束的位置，按快捷键"M"依次添加标记，这样就可以将所有歌词对应的标记添加完毕，如图 12-11 所示。

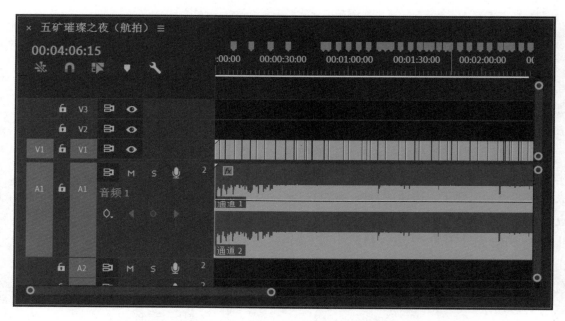

▲ 图 12-11 完成时间轴面板标记添加

步骤 4：将时间指针移动到开始位置，单击"节目监视器"面板中的播放按钮进行预览。找到间奏的位置，将时间轴窗口放大，精确找到间奏开始位置的标记点，选择菜单"标记"中的"编辑标记"，将标记点"名称"设置为"节点 1"，颜色设置为"红色"，单击"确定"，这样就在间奏的位置设置了一个红色标记，如图 12-12 所示。

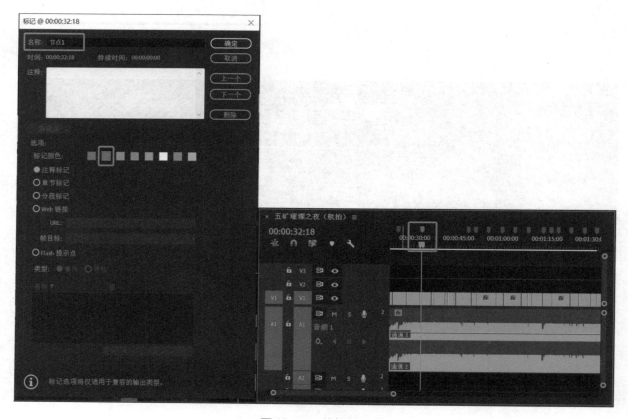

▲ 图 12-12 编辑标记点

步骤 5：继续单击"节目监视器"面板中的播放按钮进行预览。如果播放的时候发现标记的位置与歌词开始的位置出现错位，可以通过移动标记点位置，让标记点与歌词位置准确对应；如果听到间奏位置，依次设置为节点 2、节点 3……，颜色设置为红色，如图 12-13 所示，直至所有歌词的开始位置都精确设置了标记点。

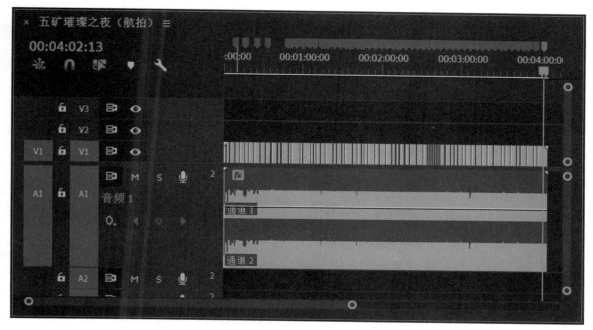

▲ 图 12-13　编辑完成间奏标记点

12.3　利用 Photoshop 导出批量字幕

用 Premiere Pro CC 批量添加字幕是一件很不容易的事情，开放式字幕可以批量添加字幕，但不能为字幕设置效果，文字工具能够为字幕添加效果，但批量添加比较麻烦。用户可以利用 Photoshop 批量添加字幕，这种方式既方便快捷又可以设置字幕效果。

步骤 1：将要批量添加的字幕保存在 txt 文档中，如图 12-14 所示。在 txt 文档中输入字幕时，要一句一行，里面不要有任何的标点符号，每行字符一定不要超过 12 个；如果字幕过长可分两行；两句话排成一行时，中间要用空格隔开；还要注意文档第一行一定不要写台词，可以任意输入一些英文字符，作为批量添加字幕的文本名字，文本名字导入 Photoshop 后会作为变量，如果文档第一行写了台词，那么在后面 Photoshop 导出数据组时，会提示出错。

▲ 图 12-14　字幕文本

步骤 2：在 Premiere Pro CC 的时间轴序列，移动时间指针选择一帧相对比较复杂的画面作为背景画面，保存备用，在"节目监视器"面板单击导出帧按钮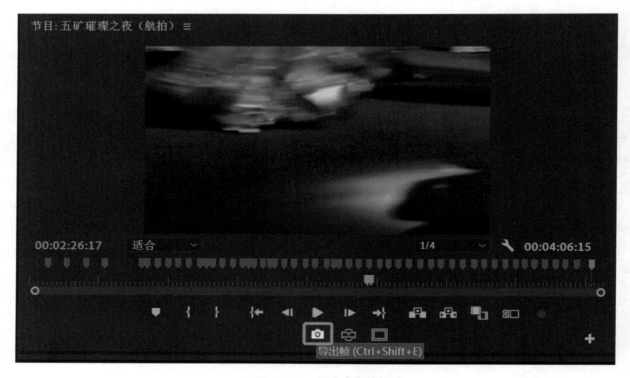，导出一个静帧画面，如图 12-15 所示。

▲ 图 12-15　导出参考静帧

步骤 3：打开 Photoshop 软件。打开导出的静帧，建立一条 50% 的竖直参考线，打开文字录入工具，输入任意文字，文字设置为"微软雅黑"，字号设置为"60 点"，字间距设置为"25"，将字幕移动到静帧画面中心合适位置，如图 12-16 所示。

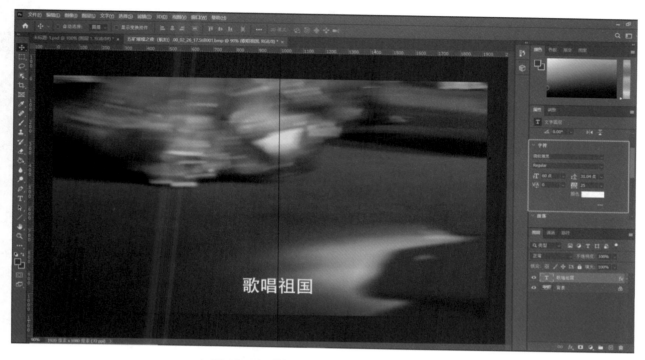

▲ 图 12-16　Photoshop 软件中设置字符参数

步骤 4：选择"图层"选项卡中的文字图层，单击 fx，为文字添加"投影"效果，如图 12-17 所示。

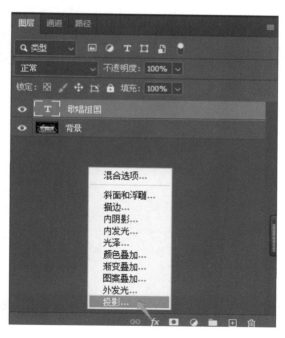

▲ 图 12-17　添加投影效果

步骤 5：在弹出的"投影"对话框中，阴影颜色设置为"红色"，不透明度设置为"100"%，距离设置为"5"像素，扩展设置为"10"%，大小设置为"10"像素，取消图层挖空投影，如图 12-18 所示。

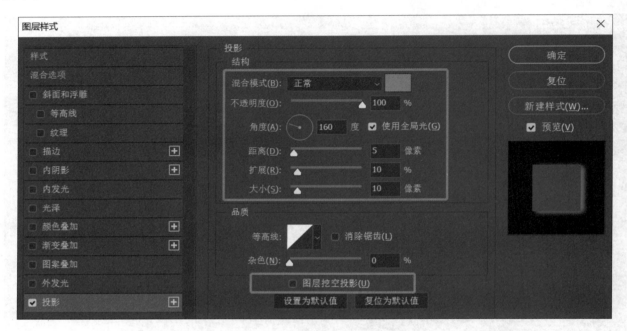

▲ 图 12-18　设置文字投影参数

步骤 6：关闭背景图层的眼睛显示，可以看到字幕效果，如果有不满意的地方，可以继续开启背景图层的眼睛显示，修改文字效果，直至获得满意的文字效果为止。删除静帧背景图层，只保留文字图层，这样字幕模板就制作完成了，如图 12-19 所示。

▲ 图 12-19　完成字幕模板制作

步骤 7：单击菜单"图像"→"变量"→"定义"，勾选"文本替换（X）"复选框，名称就是 txt 文档开头定义的字幕变量"title"，如图 12-20 所示。

▲ 图 12-20　设置变量定义参数

步骤 8：单击"下一个（N）"按钮，在弹出的新窗口中单击"导入（I）…"，选择预先准备好的 txt 字幕文档，勾选"将第一列用作数据组名称"和"替换现有的数据组"两个选项，单击"确定"进行导入，如图 12-21 所示。

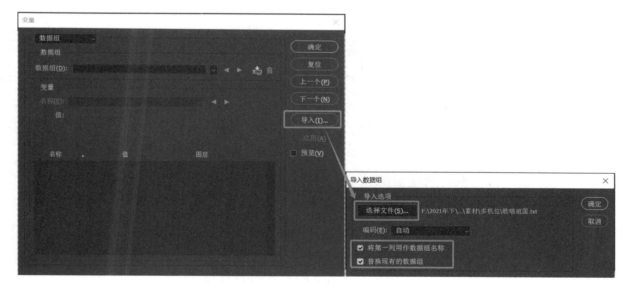

▲ 图 12-21　选择导入数据组文件

步骤 9：导入字幕文档之后，通过下拉"数据组"选项，可以浏览每个数据组，说明字幕导入成功，单击"确定"退出，如图 12-22 所示。

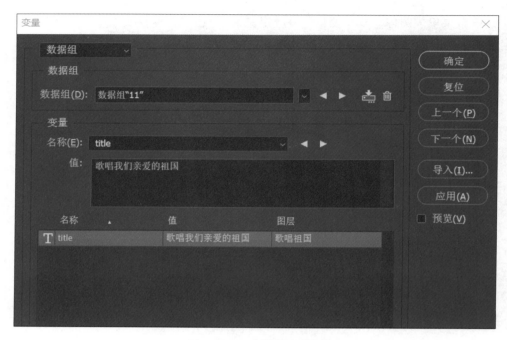

▲ 图 12-22　浏览导入数据组

步骤 10：单击菜单"文件"→"导出"→"将数据组作为文件导出"，"存储选项"选择文件夹时一定要注意放在一个空文件夹中，文件命名要规范，尽量选择带序号的命名，防止混淆字幕文件，文件存储为 PSD 格式，单击"确定"，输出 PSD 数据组文件，如图 12-23 所示。

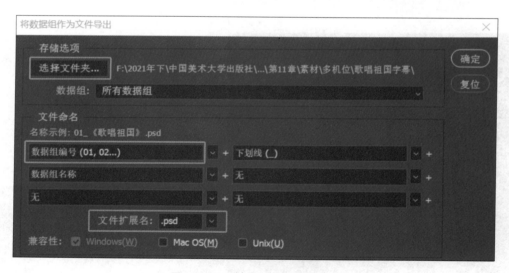

▲ 图 12-23　输出 PSD 数据组文件

步骤 11：打开存储字幕文件的文件夹，可以看到导出的批量字幕，一个 PSD 文件对应一句歌词，如图 12-24 所示。

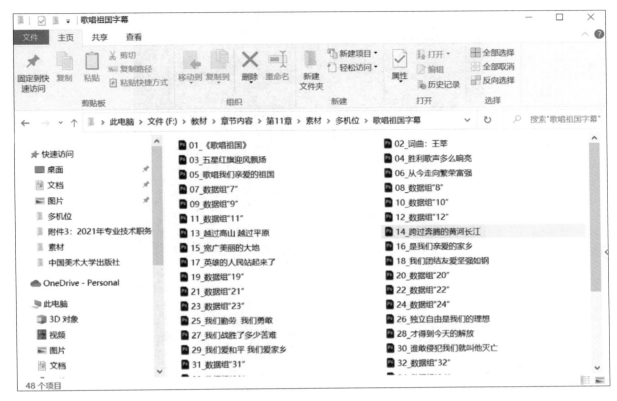

▲ 图 12-24　显示输出的 PSD 数据组文件

12.4　添加批量字幕

步骤 1：打开 Premiere Pro CC 的"多机位剪辑"项目文件，在"项目"面板的空白区域双击导入字幕组的文件夹，在弹出的"导入分层文件"中选择"合并图层"，打开字幕组文件夹，可以看到通过 Photoshop 生成的字幕数据组，如图 12-25 所示。

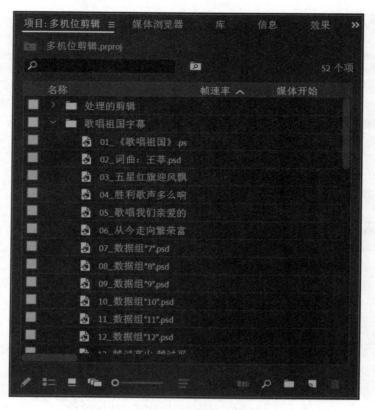

▲ 图 12-25　导入字幕文件夹

步骤 2：选择字幕组文件夹中的字幕"01_《歌唱祖国》.ps"和"02_词曲：王莘.psd"，直接拖动到时间轴序列的 V3 轨道和 V4 轨道上，如图 12-26 所示。

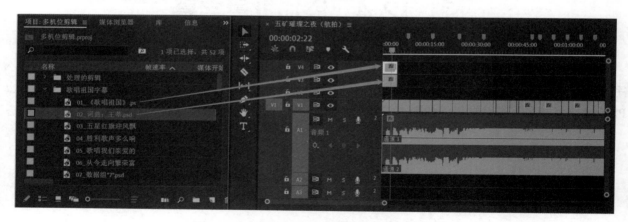

▲ 图 12-26　添加歌曲名与词曲字幕到时间轴序列

步骤 3：选择"01_《歌唱祖国》.ps"字幕文件，在"效果控件"中设置运动的位置与缩放参数，使其移动到画面左侧位置。继续选择"02_词曲：王莘.psd"字幕文件，同样在"效果控件"中设置运动的位置与缩放参数，使其移动到上一字幕的下方位置，如图 12-27 所示。

▲ 图 12-27　效果控件修改歌曲名与词曲字幕的位置、缩放参数

步骤 4：选择 03 字幕文件到 13 字幕文件共 11 个字幕数据组，将它们直接拖动到时间轴序列的 V2 轨道上，按快捷键"+"，放大时间轴显示，看字幕数据组的顺序是否有问题。如果没有问题，在"项目"面板中依次选择字幕的数据组文件，拖动至时间轴序列 V2 轨道的后面，同时浏览字幕数据组的顺序是否正确，如图 12-28 所示。

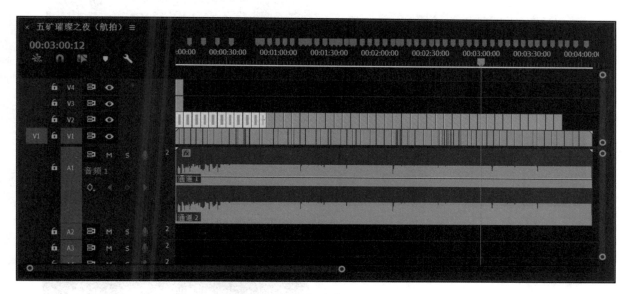

▲ 图 12-28　添加字幕到时间轴序列

步骤 5：依次选择最后面的字幕文件，直接拖动到标记点位置，拖动字幕文件长度时，在字幕文件和标记之间有一条吸附线，只要对齐即可。如果是间奏的红色节点位置，则将字幕文件直接拖动至间奏结束后的标记点位置，同样字幕文件长度与标记点的位置对齐即可，如图 12-29 所示。

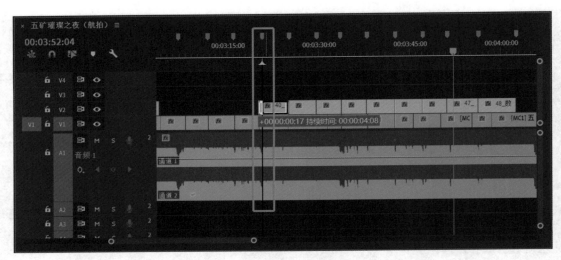

▲ 图 12-29　字幕位置与标记点对齐

　　步骤 6：在字幕与歌词对齐时，要经常预览画面是否声画同步。如果出现不同步现象，及时调整字幕的时长，与歌词对应，其余字幕组以同样的方式将字幕文件与标记对齐，与歌词同步，直至所有字幕文件与标记点和歌词对应完毕，如图 12-30 所示。

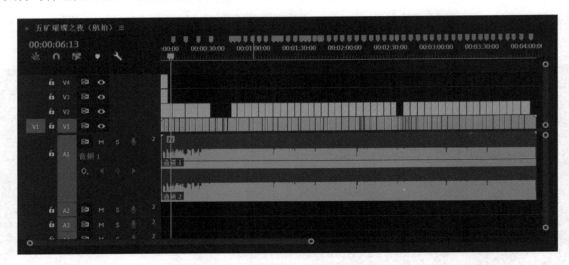

▲ 图 12-30　完成字幕与标记点和歌词对应

　　步骤 7：单击"节目监视器"面板的播放按钮，预览最终效果，如图 12-31 所示。

▲ 图 12-31　实际效果

12.5　渲染导出

步骤 1：单击菜单"序列（S）"→"渲染入点到出点"，弹出"渲染"进度条，即可渲染入点到出点的视频效果，如图 12-32 所示。

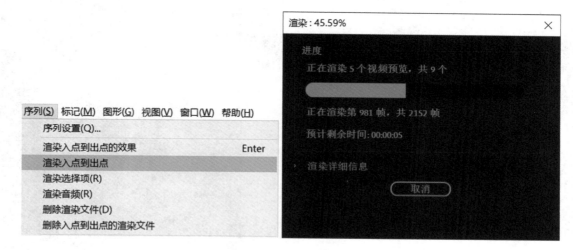

▲ 图 12-32　渲染入点到出点

步骤 2：当渲染文件生成后，"时间轴"面板的时间标尺处就会呈现绿线显示，表明相应的视频素材片段已经生成了渲染文件，如图 12-33 所示。在"节目监视器"面板中，单击播放按钮，视频画面会以正常的帧速率播放，如果发现个别地方需要修改，可在时间轴序列中进行修改。

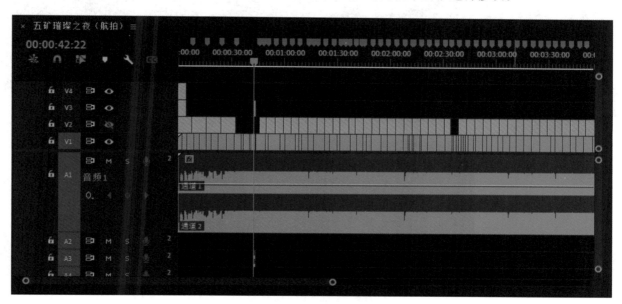

▲ 图 12-33　局部细节修改

步骤 3：当所有剪辑完成之后，单击菜单"文件"→"导出"→"媒体"，弹出"导出设置"对话框，在"导出设置"对话框下方单击"源范围"下拉列表，选择要导出的内容为"整个序列"，在选择

缩放级别的下拉列表中选择"适合"。在右侧的"导出设置"中下拉格式列表，选择"H.264"，预设
选项保持默认即可，如图 12-34 所示。

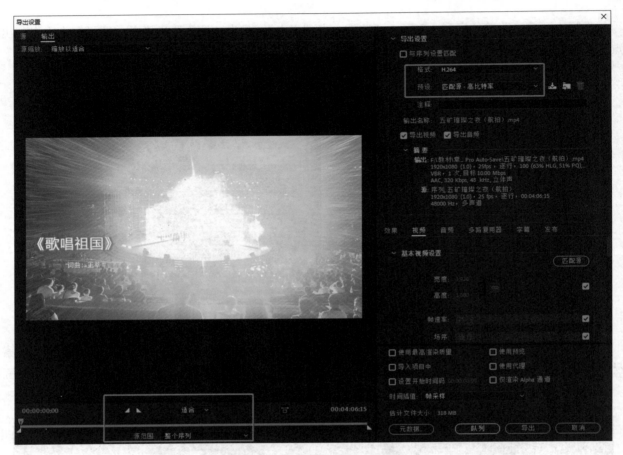

▲ 图 12-34　设置导出媒体文件路径

　　步骤 4：单击"输出名称"，修改输出的文件名称及存放位置，将导出的视频文件保存在指定文件
夹中，单击"导出"，弹出"编码"对话框，如图 12-35 所示。

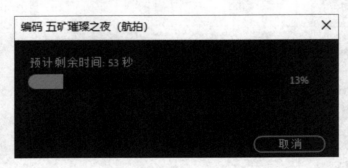

▲ 图 12-35　编码

　　步骤 5：在指定文件夹中，可以看到导出的视频文件。通过多机位剪辑和标记点设置，利用
Photoshop 添加批量字幕，完成了整首歌曲的编排制作。

参 考 文 献

[1] 新视角文化行 . Premiere Pro CC 视频编辑剪辑制作完美风暴 [M]. 北京：人民邮电出版社，2014.

[2] 理查德·哈林顿，罗比·卡门，杰夫·格林伯格 . Adobe Premiere Pro 视频编辑指南 [M]. 李爱颖，郭圣路，译 . 北京：人民邮电出版社，2015.

[3] 马克西姆·亚戈 . Adobe Premiere Pro CC 经典教程 [M]. 巩亚萍，译 . 北京：人民邮电出版社，2018.

[4] 傅正义 . 影视剪辑编辑艺术 [M]. 3 版 . 北京：中国传媒大学出版社，2017.

[5] Adobe 公司 . Adobe premiere Pro CC 经典教程 [M]. 裴强，宋松，译 . 北京：人民邮电出版社，2016.

[6] 翟浩澎，程笑君 . Premiere Pro CC 2018 视频编辑标准教程 [M]. 北京：清华大学出版社，2019.

[7] 尹敬齐 . Premiere Pro CC 2020 影视制作项目教程 [M]. 北京：机械工业出版社，2020.

[8] 黄伟波，刘江辉，李晓丹，等 . Premiere Pro CC 视频编辑基础与案例教程 [M]. 北京：机械工业出版社，2019.

后　记

　　随着数字视频技术的更新和发展，Premiere Pro CC 的版本也在不断更新。因此经过多年的教学实践，我认为数字视频编辑的学习必须要紧跟影视前沿技术，每一次软件版本更新都有一些新增功能，这些新增功能无疑与数字视频技术的发展有着密不可分的联系。对于新增功能的学习和实践，需要用户在实践中不断探索、总结，因此网络就成为用户实践 Premiere Pro CC 新增功能的平台。本书在编写过程中，同样引用了一些网络资源，在此向原著作权人表示衷心的感谢，同时对提供素材资源和参与后期校对的张艳、杨耀先、郑雪寒、姜君月和杨圆圆等，表示衷心的感谢。

　　在信息技术教学不断改革的今天，我们也在努力吸收更先进的教学理念，寻找学习 Premiere Pro CC 数字视频编辑软件更为适用的教学方法。希望通过本书对于 Premiere Pro CC 数字视频编辑软件功能、操作和流程的讲解，可以为学习者建立起利用相关软件进行后期编辑的实践体系，帮助学习者打破传统编辑软件的思维误区，掌握非线性编辑技术的实践操作能力。

刘新业

2023 年 1 月